OMUPユニヴァテキストシリーズ ⓫

波動推進

Wave Propulsion

森　浩一

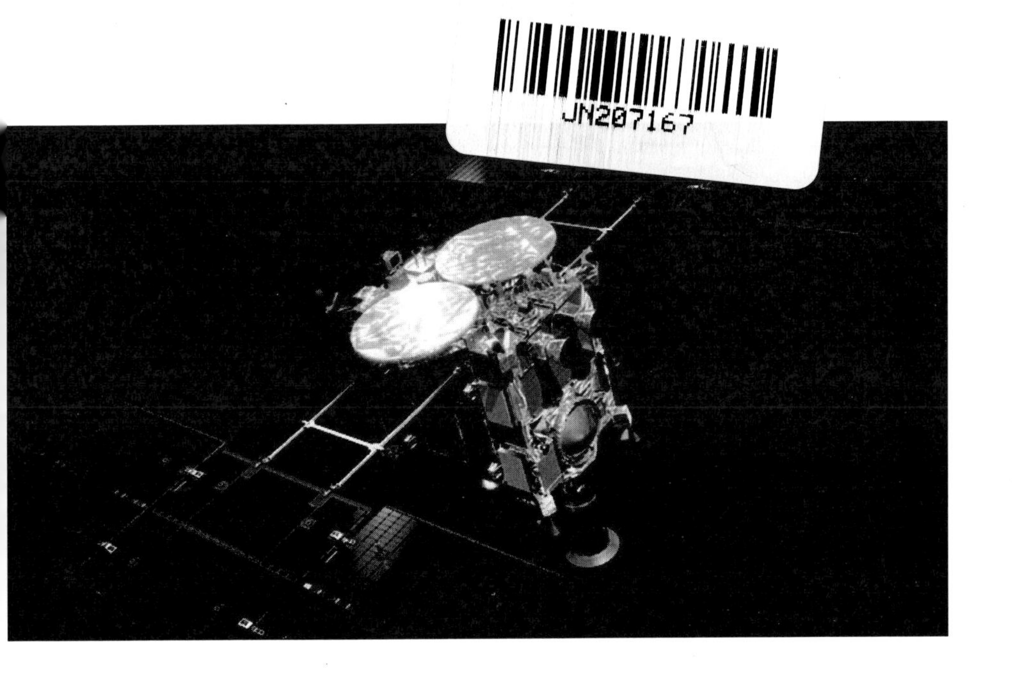

はじめに

本書は，航空宇宙推進工学のテキストではあるが，従来的な推進機を対象とするのではなく，「新しい航空宇宙推進工学」の可能性を，基礎物理に立ち返って検討しようという試みである．

実用化されている推進の方式は大別すると3種類ある．プロペラ・ジェット・ロケットである．航空宇宙推進機の多くは，炭化水素などの化学燃料の燃焼によって生じる燃焼熱をエネルギー源としている．推進機の設計のベースとなる理論は「流体力学」である．

航空宇宙推進の分野にも電動化の潮流がある．化学燃料ではなく電気をエネルギー源として用いることで，環境への負荷を低減しようという狙いがある．電動化には推進機の姿を大きく変貌させ，ひいては，航空機や宇宙機の姿を大きく変貌させる可能性を秘めている．推進性能の限界を突破できるかもしれない．

宇宙用ロケット推進は早くから電動化の試みが進められた．電気推進ロケットが「はやぶさ」の小惑星探査を成功に導いたことはよく知られている．電気推進ロケットの設計原理は「プラズマ物理」になる．従来的な「流体力学」という学問分野の枠組みを越えて，「プラズマ物理」という新しい原理が，全く新しい技術をもたらした好例と言える．

本書では，「波動」を切り口として，従来的な流体力学から，量子光学，そして相対論にいたる広い学問領域を横断することで，新たな航空宇宙推進工学の萌芽を探すことをテーマにしている．

第1章では，電動推進機において特に重要な性能指標量である運動量結合係数を軸に波動推進の概念を解説する．

第2章では，まず，「爆発」を利用して推進する方法を考える．爆発による瞬間的な推進とは，爆風で吹き飛ばすといったように，比較的容易に想像ができる．もちろん，連続的に推力を発生させるには，連続的に（断続的に）爆発を起こす必要があるだろう．このような推進方法を「繰り返しパルス」(Repetitive Pulse) 推進と呼ぶ．ここで，一発の爆発が，エネルギー（例えば, TNT爆薬何トン分のような）で特徴づけられるとして，この爆発のエネルギーから，どうすれば，どのように，どれくらいの推進力を取り出せるのだろうか？という問いが出発点となる．爆発を利用することは，パルス的な時間変動を利用すると言い換えることもできる．定常流れを基礎とする従来的な推進（ジェット・ロケット）とは，対極にある．より広く，非定常な流体の挙動を利用して，従来にはない推進，そしてエネルギー変換の方法を見出そうという試みは，デトネーションエンジンなども同類である．

さて，この章の最初の節では，空気中で爆発を起こして，その反動として推進力を得る爆風波推進を考える．この爆風波推進は，先程述べたデトネーションエンジンの異母兄弟のような存在である．繰り返しパルスレーザー推進に関連して研究が進められた．

ここで登場するのは，衝撃波や有限振幅波といった，圧縮性流体力学の範疇にある，非常に強力な音波とこれによって駆動される流れ，である．このため，爆風波推進も，音波推進の一つとして捉えることができる．では，爆風波のような，流れを誘起するような，強力な音波でなければ，推進はできないのだろうか？これが次なる問いである．

さきほども述べたように，従来的な推進機の基礎は流体力学にあり，推進機は，流れを生み出し，流れに作用することで，推進力を生み出す，いわば，流体機械である．このため，流れを生み出さない，弱い極限にある線形音波は，推進のメカニズムとしては，あまり真剣に検討されたことがなかった．一方で，第1章で述べるように，すべからく波は推進力を発生させる．線形音波，特に超音波を使って，どれくらい推力を出しうるのか，その推力の大きさは，どのように増幅することができるのか，音響学の知識を駆使して検討を進める．

この章の最後に，プラズマ（電離気体）特有の音波である静電プラズマ波を用いた推進方法について検討する．プラズマは，電磁場を介して粒子間相互作用が発生することに伴って，多様な「音波」の宝庫である．波があるなら推進は可能である．惑星軌道上の電離圏のようにプラズマの存在する領域で，従来のロケットのような推進剤消費を伴わない電気推進が実現できるかもしれない．

総合すると，この章では，物質中，特に気体（プラズマを含む）中の波動，つまり音波を用いた推進機の可能性を検討する．

第3章では，電磁波に駆動される推進方法を考える．電磁波の放射圧を用いるソーラーセイルやレーザーセイルは，古くから知られている．本書では，その先に何があるかを探索したい．そこで，量子光学から出発し，原子が光（電磁波）から受ける力（放射圧・双極子力）の計算方法を学ぶ．さらに，双極子力が，どのように推進系に利用できるか，議論する．双極子力は，原子・分子の熱運動に伴って生じるドップラーシフトによって半減する．これを回避する方法としてCoherent Population Trapping（CPT）を紹介する．CPTは，他にも，屈折率消去，放射消去，反転分布なしのレーザー発振（Lasing Without Inversion, LWI）など，様々なことを可能にすると考えられている．LWIを用いて，太陽からエネルギーを取り出すアイデアも紹介する．

第4章は，超光速飛行がテーマである．とてもエキサイティングであると同時に，オカルティック．本書では，相対論の枠内で，どこまで理解可能で，どこからがよくわからないのか，明らかにする．そのために，まず，相対論の基礎から出発する．

相対論は，物質が光よりも速く進むことを禁じているが，アルクビエールは，1994年に，時空を歪めることで宇宙船を光よりも速く飛ばせると主張した．これには実は「負の質量」を持ついわゆる「エキゾチック物質」が必要なので，少なくとも今の科学技術では不可能であることもわかっている．アルクビエールの理論を大づかみに理解することが本章のゴールである．著者がかつて検討した重力波推進についても紹介する．

本書の前半部分は，工学部の大学院生ならば，スムーズに読み進めることができるだろう．後半部分の量子論・相対論は，いわゆる現代物理学にあまり馴染みのない読者を想定して，それぞれの基礎的な内容を整理することに，ほとんどのページを割いた．初学者のためのノートとして，少しでもお役に立てれば幸いである．

本書で扱うテーマは，航空宇宙推進の研究分野の中でも，先端推進（Advanced Propulsion）という部類に含まれ，工学と物理の狭間にある．そこは，自由な発想と奇抜なアイディアの宝庫であり，物理学への好奇心が，イノベーションへの道標になる．同時に，そこは，エセ科学が跳梁跋扈する闇の世界でもある．「闇堕ち」しないためには，物理をよく理解することが大切である．

目　次

第1章
運動量結合係数

1.1 ロケット推進

航空宇宙推進機は，そのほとんどが燃焼（化学反応）をエネルギー源としている．いわゆる「熱機関」の探求は，熱力学という学問分野を生み出した．熱力学を思い出してみよう．熱機関は，化学反応などによって得た熱量以上の仕事を生み出すことはできない．(エネルギー保存の法則＝熱力学第一法則）与えられた熱量のうち，どれくらいの割合を仕事に変換することができるか？　仕事/熱の比を熱効率という．この熱効率はカルノー効率を超えることはできない．（カルノーの法則）

化学反応を用いず，原子力を熱源として用いる推進機として，原子力ロケットエンジンや原子力ジェットエンジンが試作された．原子炉を推進剤（ロケットエンジンの場合水素，ジェットエンジンの場合空気）で冷却し，逆に，推進剤が高温に加熱される．これをノズルで加速して推進力を得る．このような推進機の推進性能を予測するのは，定常圧縮性流体力学である．一方，熱機関でない推進機の例としては，宇宙用の電気推進ロケットが挙げられる．

推進機とは，推進剤を加速する装置であり，推進機におけるエネルギー変換とは，熱もしくは電気のような形態のエネルギーを，いかに推進剤の運動エネルギーに変換するか，という問題である．ロケットエンジンにおける推進剤の排気速度をV[m/s]，質量流量を$\dot{m}$[kg/s]とすると，熱もしくは電気のパワーをP[W] とすると，推進効率(Propulsion Efficiency) ηは，以下の式で定義できる．

$$\eta = \frac{\frac{1}{2}\dot{m}V^2}{P} \tag{1.1.1}$$

化学推進ロケットの設計の授業で，この推進効率はほとんど現れない．化学推進ロケットエンジンの推進性能を表すのは，比推力（Specific Impulse）（もしくはその逆数である比燃料消費率（Specific fuel consumption））つまり，推力Fを発生させるのに，燃料を単位時間あたり何kg消費するのか？（答えは　$\dot{m}$[kg/s]）という「質量」の変化が重要だからだ．

$$I_{sp} = \frac{F}{g\dot{m}} \tag{1.1.2}$$

（比推力は単位を［s］とする慣例なので，重力加速度gで除する．）

電気推進の場合は，上記の推進効率が重要な量である．バッテリーに蓄えた電力を消費して，推進効率の分母にあるPを捻出する．バッテリーから推進機の消費エネルギーに至るエネルギー変換過程に質量変化は起きないので，推進効率が重要な指標量になる．ただ，宇宙用の電気推進ロケットの場合は，電力を消費するだけでなく，打ち上げ前に搭載した推進剤を排出しながら進む．つまり，化学推進の場合，エネルギー源＝燃料だったが，電気推進ではエネルギー源と推進剤が切り離される．このため，電気推進では，推進効率と同様に，比推力も重要な性能指標量である．

1.2　エアブリージング推進

2010年代から航空機用推進機の電動化が活発化した．電動化すると言っても，推進の原理としては，電動モーターで回転翼を回して推進力を得る訳で，回転翼を使うという意味ではライト兄弟の時代から変わらない．まあ，とは言っても，電動化によって，従来の内燃機関よりも軽量・小型・高効率な推進機が実現できるかもしれない．そうすると，翼面上に多数の推進機を並べるDistributed Electric Propulsion (DEP) だとかいって，これまでとだいぶ異なる飛行機の形が実現できるだろう，と考えている人たちもいる．

現在主流のジェットエンジンにしても，旅客機用のエンジンは，推進力の大部分をファンを回して得るターボファンエンジンであり，コアエンジンは主に，燃料の化学エネルギーを回転翼の運動エネルギーに変換する役割を担う．推進剤の大部分は空気であり，推進剤に加わる燃料の質量割合は微々たるものである．逆にいうと，ジェットエンジンは，大量の推進剤を大気から取り込んでいるので，推進剤を全て打ち上げ前に搭載しておく必要のあるロケットエンジンに比べて段違いに初期重量が少なくて済む．

航空エンジンのようなエアブリージング推進の場合は，速度V_{in}[m/s]で流入してきた空気をΔV[m/s] だけ加速するとして，推進効率は以下の式で定義できる．

$$\eta = \frac{\frac{1}{2}\dot{m}\left\{(V_{in}+\Delta V)^2 - {V_{in}}^2\right\}}{P} \approx \frac{\dot{m}V_{in}\Delta V}{P} \tag{1.2.1}$$

従来のジェットエンジンの設計においても，この推進効率はあまり出番がなく，比推力（もしくはその逆数である比燃料消費率（Specific Fuel consumption））がいわゆる燃費を表す．燃料を燃やすことによってコアエンジンを回して回転翼を回すのではなく，電動モーターで回転翼を回す場合，燃費ではなく，やはり，推進効率が重要になる．

＜エネルギーと運動量＞

さて，エネルギー効率が1に近ければ，大きな推力を得られるか？というと，そうはならない．推進機が単位時間あたりのエネルギー1[W］を消費することで，どれくらい推力を発生するのか？これを運動量結合係数（**Momentum-coupling coefficient**）$\boldsymbol{C_{\mathrm{m}}}$として以下の式で定義される．

$$C_m = \frac{F}{P} \tag{1.2.2}$$

このC_{m}，レーザー推進に代表される「ビーム推進」界隈でしかお目にかからない．（気がする）C_{m}には面白い特徴がある．ロケット推進におけるエネルギー変換の果ては，推進剤の運動エネルギーである．推力は，推進剤の運動量$\dot{m}V$[N］であるから以下のような式になる．

$$C_m = \frac{\dot{m}V}{P} = \eta \cdot \frac{\dot{m}V}{\frac{1}{2}\dot{m}V^2} = \eta \cdot \frac{2}{V} < 2V^{-1} \tag{1.2.3}$$

つまり，どんなにエネルギー効率が高くても，C_{m}は排気速度Vの逆数の2倍を超えない．単位は速度の逆数だから［s/m］となる．

エアブリージング推進の場合，推力は，推進機によって得られた運動量変化$\dot{m}\Delta V$に等しいから

$$C_m = \frac{\dot{m}\Delta V}{P} = \eta \cdot \frac{\dot{m}\Delta V}{\dot{m}V_{in}\Delta V} = \eta \cdot \frac{1}{V_{in}} < {V_{in}}^{-1} \tag{1.2.4}$$

やはり，C_{m}の上限は速度の逆数に変わりないが，ここで，空気の流入速度であることに注目いただきたい．一般にエアブリージング推進の比推力は，どのような推進方式を選択しても，飛行速度の上昇に伴って減少する．（参考：久保田浪之介・桑原卓雄著「ラムジェット工学」日刊工業新聞社，1996.）これは，どれだけエネルギー効率を高くできたとしても，C_{m}の上限が，飛行速度（＝推進機への空気の流入速度）に逆比例することによって定められた運命である．つま

り，音速付近で飛ぶ旅客機のC_mは音速の逆数が上限であるし，超音速飛行ではさらに下がる．ここにエアブリージング推進の運命が刻まれた．エアブリージング推進，つまり，静止した空気を吸い込んで加速する推進方式は，遅い速度で最もその才能を発揮するのである．高速飛行は弱い推力でやりくりしなければならないが，超音速になると，造波抵抗が速度とともに増えていって，これに対抗する推力が必要になる．さらにやりくりが難しくなる．大変だ．本当のイノベーションというのは，こんな「原理的な限界」を突破するようなものであるべきではないのだろうか？（言うは簡単）

1.3. 波動砲（？）

次に，少し一般的なお話をする．ここまで物質の運動量を扱ってきたが，今度は波．例えば，光や音波にも，エネルギーと運動量がある．光は波動性と粒子性を併せ持ち，粒子としてはフォトン（光量子）が，エネルギー $h\nu$，運動量 $h\nu/c$ を持つ．ここで，h はプランク定数，ν は角周波数，c は光の速度（～ 3x10^8 m/s）フォトン推進とは，このフォトンの運動量を用いて推進力を得るもので，例としてはソーラーセイルが知られている．ソーラーセイルは，太陽から放出されるフォトンを帆で反射させてフォトンの運動量を得る．帆の表面で1個のフォトンを垂直に完全に反射すれば，帆はフォトンの運動量の2倍の運動量を獲得する．では，宇宙機に搭載した電源でライトを光らせて，宇宙空間にフォトンを放出した場合，どれくらい推力を得られるか？電気から光へのエネルギー変換効率については，とりあえず考えない．この場合，C_{m} の上限はフォトンのエネルギーと運動量の比になるから，以下の式で与えられる．

$$C_m = \frac{\frac{h\nu}{c}}{h\nu} = c^{-1} \qquad (1.3.1)$$

つまり，このフォトン推進においても，推進をになう粒子つまり，フォトンの速度の逆数に等しい．光の速度は何よりも速いので，フォトン推進の C_{m} は最悪である．

音波でも推力は発生できる．（意外でしょう？）ただし，この方法を試した人は，おそらく，今まであまりいないと思っていたら，学生さんがネットで見つけた情報を教えてくれた.風船に超音波スピーカーをつけて，風船を動かす実験をした人がいるらしい．音波は，固体力学の世界ではフォノンと呼ばれ，粒子として取り扱われる．フォトンからの類推で，推力を発生できそうだよね，と言えば，納得できる気もする．ただ，音波は空気がないと伝わらない，というか，空気中の分子の振動が伝わっているだけだから，必然的にエアブリージング推進である．スピーカーで推進できるのであれば，プロペラが要らなくなる？最終的にうまくいくかはわからないが，電気で推進するという発想には「モーター＋回転翼」にとどまらない未知の可能性を内包している．

音波の場合は，単位面積あたりのエネルギー密度を「音響インテンシティ」と呼び，これを計測する装置を「インテンシティ・プローブ」と言って，結構高価だ．音圧をPとすると，音響インテンシティは$I=P^2/\rho a$で計算される．ここでρ, aはそれぞれ空気の密度と音速である．その積 ρa は音響インピーダンスと呼ばれる．音波を放射すると，音波とともに運動量が運ばれ，これは単位面積あたりI/aである．音波を発生させるスピーカーは，この運動量を空気中に放つので，その反作用として推力を得る．C_mを（音波が運ぶ運動量）と（音響インテンシティ）の比として考えると以下の式で表される：

$$C_m = \frac{\frac{I}{a}}{I} = a^{-1} \tag{1.3.2}$$

音波の場合でも，やはり，物質や光量子の場合と同様に，推進を担う媒体の特性速度（＝音速）が運動量結合係数の上限を規定している．

以上のように，運動量結合係数が，何らかの「速度の逆数」になっているというのは，教訓的に感じる．つまり，推力を大きくしようとすれば，「速度」を下げるべし，ということになるだろう．ただし，この「速度」は，そもそも何の速度なのか？そして，何か推進機に工夫を施せば，これを小さくできるのだろうか？そういうことを考えさせる．

第2章
音波推進

2.1. 爆風波推進

2.1.1. はじめに

爆発を利用する推進で，最も有名なのは，オライオン計画（Project Orion）やダイダロス計画（Project Daedalus）である．今では，Wikipediaにも載っている．オライオン計画は1950年代にアメリカで提案された「核パルス推進」で，核爆弾をビークルの後方で断続的に爆発させる．ダイダロス計画は，断続的にレーザー核融合を行う．これも「核パルス推進」の一種である．主に，近くの恒星系に行くとか，太陽系内の惑星に短時間で行くとか，そういうことが想定されていて，地上から宇宙への打ち上げという想定はされていないが，SF小説「降伏の儀式」では打ち上げにも使った．（多分）宇宙人が地球に襲来する，みたいな，よほどのことがない限り，打ち上げには使わないだろう．地球環境に良くない．

レーザー推進の中で，繰り返しパルス（Repetitive Pulse, RP）レーザーを用いるものは，ノズルの中で，パルスレーザーを集光させて，光学焦点付近に小さなプラズマを発生させる．大気中での作動を考えていて，ノズルの内部には空気が充満している．プラズマが急激に膨張し，ノズル内部の空気中に爆風波（blast wave）を発生させる．爆風波をノズルから排出する．その反動としてノズルに推力を得る．これが爆風波推進（Blast wave propulsion）である．爆風波とは，いわゆる「爆風」のことで，衝撃波が先頭を走り，その背後に非線形の有限振幅波が連なる構造を有する．この全体構造を「爆風波」と呼んでいる．

爆風波推進における爆発源はなんでもよい．核パルス推進のように，核物質もしくは，もっと一般的に化学物質（いわゆる爆薬）を用いた爆発物を用いる場合もあれば，レーザー推進のように爆発源として，レーザープラズマを用いる場合もある．要は，短時間に，局所的な高圧状態が作れれば良い．パルスMPDアークに変えた場合，空力推力+電磁推力が発生する．他にも良い爆発源があるかもしれない．考えてみるのも面白い．

化学エネルギーを用いるものとしては，パルスデトネーションエンジン（Pulse Detonation Engine, PDE）が知られる．その研究者は，爆発源であるデトネーション波に着目して，爆風波にはあまり興味がない．ただし，爆風のダイナミクスは，大気吸込式PDEの設計には関連するかもしれない．

また，デトネーションではなく，デフラグレーションで等積加熱をしているレシプロエンジンは，爆発を利用して動力を得ている．ピストンの作動周期が10-100 Hzであり，爆発現象の典型的な周波数スケール（～MHz）に比べてゆっくりとしている．その間，爆発はシリンダ内に閉じ込められ，その中を何度も往復していて，ピストンが一周期動く間に，爆風の痕跡は何も残っていない．

むしろ，パルスジェット（Pulse jet）なら，爆風波推進に近い．ターボジェット発明前夜，第二次世界大戦中V-1ミサイルを駆動してロンドンっ子を震え上がらせたと言われる．今ではターボジェットエンジンの進化が進み，あまり使われない．ただし，構造が簡単で製造コストが安いため，ターゲット機の動力などには使われているらしい．また，wave rotorという，爆風波でタービンを駆動する装置も研究されている．

我々の研究室では，爆風ジェット推進は，つまり，地上表面上に環状に分布させた爆発源を用いて，爆風波を中心軸上に収束させ，高速ジェットを生成し，これを用いてカプセルを宇宙まで飛ばそう，というものを研究している．まだ研究の途上で，本当に有用性があるのか，数値シミュレーションで検討を進めている．

多くの従来型推進機は，定常圧縮性流体力学を原理としている．モデルとしては，空間2次元の定常流れモデルがその礎になっている．爆発は，非定常圧縮性流体力学で記述される．独立変数が2つ以上になると，モデルが複雑になって解析的手法の手に負えない．非定常になると，時間1次元・空間1次元の非定常流れモデルが基礎となる．比較的，慣れ親しむ機会が少ない．次節では，この1次元流れのモデルについて詳しく調べるが，そこでも述べるように，1次元モデルの適用範囲は狭い．1次元モデルだけで推進性能の精密な予測が出来る訳ではなく，一般には，数値流体力学（Computational Fluid Dynamics, CFD）に頼るか，実験をやってみないと，推進性能がどの程度かわからない．よく研究されている形状が構造の推進機ならいざ知らず，CFDも実験データによる検証なしでは，なかなか信頼性が担保できない．だから，実験をやってみるしかない部分もあるが，実験の解釈などをするにもシミュレーションは重要で，結局，両方が必要，という状況は，この何十年も変わらない．

爆風波推進のような非定常流れを利用する推進機の面白いところは，圧縮と加熱が同時に行われているという点である．熱機関が作動するには，作動流体を加熱・圧縮する工程が必要で，多くの熱機関では，加熱と圧縮が別工程として構成されている．ジェットエンジンでは，圧縮機で断熱圧縮して，その後，燃焼機で等圧燃焼をする．液体ロケットエンジンでは，ターボポンプで加圧した後，等圧燃焼する．（固体ロケットは，固体燃料の相変化に伴う圧縮が行われていて，圧縮に外部機関を用いていないが，定常等圧燃焼である．）圧縮機が不要であるというのは，推進機の構造を簡単にして，コストを下げるのに役に立つ．一方で，圧力変動が大きいと，圧力の高い方に強度設計を合わせて，堅牢な構造にすることで重くなったりする．また，衝撃荷重も材料への負担になる．さらに，衝撃波を伴う流れは，衝撃波がエントロピーを増大させるため，熱機関のエネルギー効率を低下させるというデメリットもある．

爆風波は，前駆する衝撃波と，その背後の有限振幅波で構成されている．有限振幅波は等エントロピー波としてモデル化されるが，要するに音波である．音波の振幅が大きくなると非線形性が強くなり，音波と共に流体の流れを伴う．弱い線形音波は，質量・運動量・エネルギーを運ぶけれど，(u, ρ, p) の時間平均値は不変である．一方，有限振幅波は，特性線に沿って特性量を運び，(u, ρ, p) も変化する．さて，爆風によってどれくらいの推力が発生できるだろうか？基本的な「点源爆発の相似解」（Self-similar solution of the point-source explosion）から出発しよう．

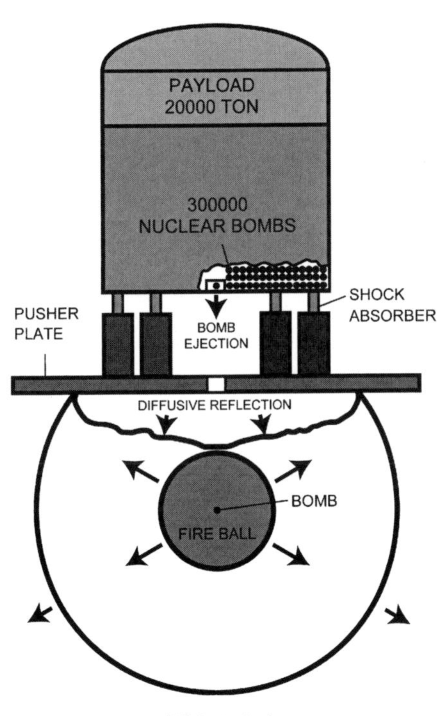

図2.1.1.1.

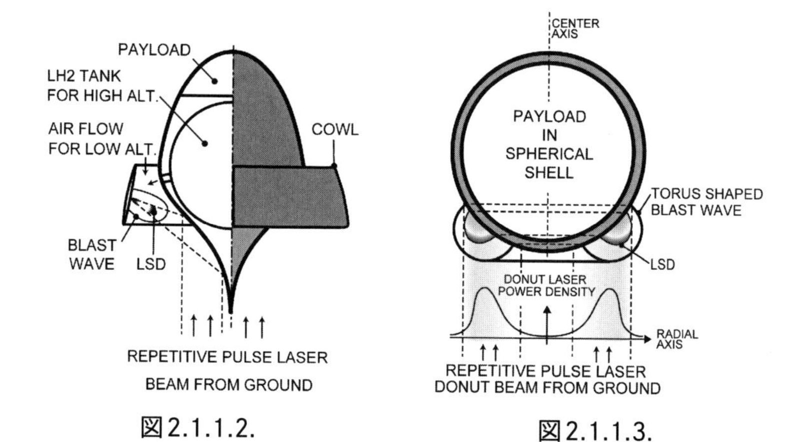

図2.1.1.2.

図2.1.1.3.

(K. Mori, J. Spacecraft and Rockets, 54,5, 2017.)

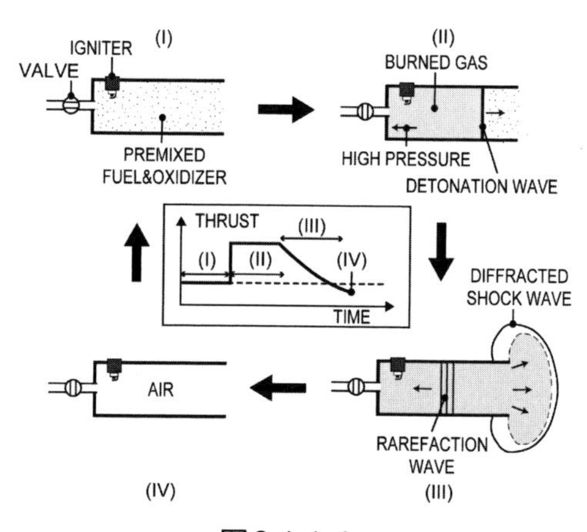

図2.1.1.4.

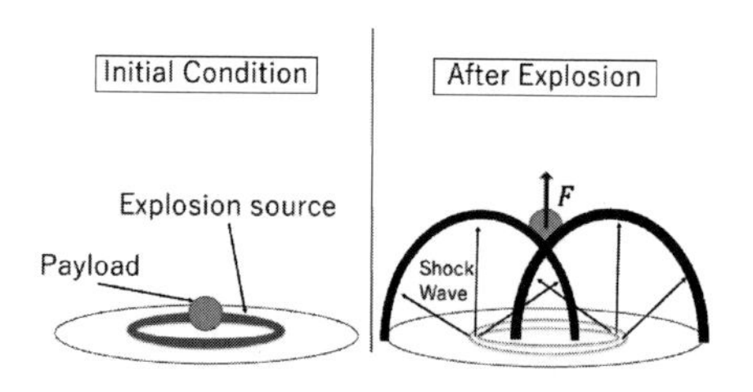

図2.1.1.5.

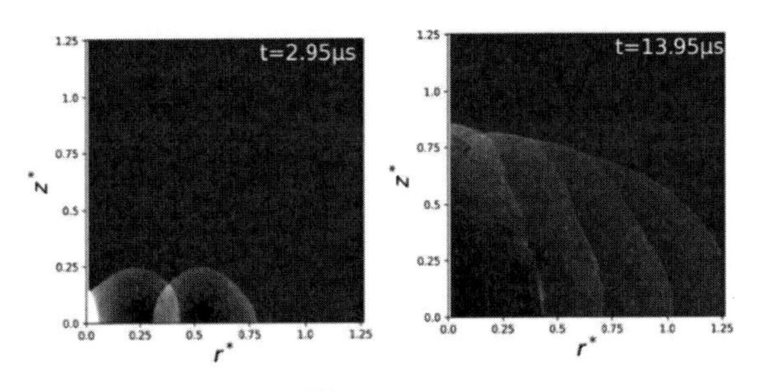

図2.1.1.6.

（西尾，森：流体力学講演会，2023.）

2.1.2.　点源爆発の相似解

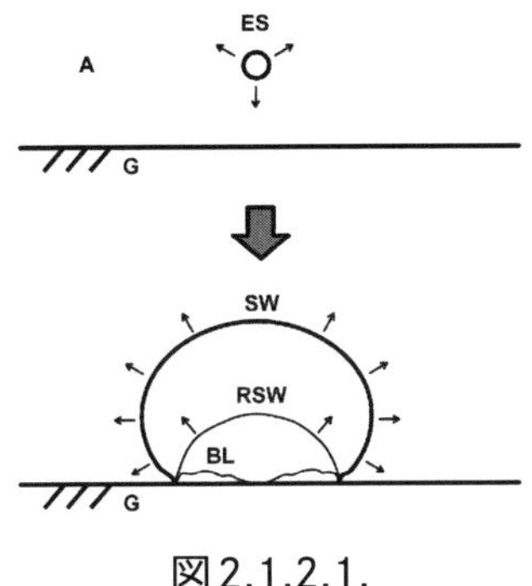

図2.1.2.1.

上空で爆発源が爆発した後に生じる現象の概要を図に示している．爆発源では，その小さな体積の内部が，瞬間的に高温・高圧になる．爆発源の高圧ガスは，周囲の空気に対して仕事をし，外側に押された空気が衝撃波を形成する．爆発源の高圧ガスが膨張を止めた後は，爆発の中心は静止するので，膨張波が衝撃波を後追いする．この衝撃波とその背後の膨張波をセットとして，球状爆風波が形成されることになる．この爆風波については，以下に示す球対称オイラー方程式を基礎方程式とし，その点源爆発の自己相似解が，条件付きではあるにせよ，現象をよく表すことが知られている．基礎方程式のオイラー方程式とは，ここでは，極座標 空間一次元 非定常 等エントロピー流れの方程式として，完全気体の質量保存，運動量保存，等エントロピーの式を連立させたものを指す：

$$\begin{cases} \dfrac{\partial \rho}{\partial t}+\dfrac{1}{r^2}\dfrac{\partial (r^2 \rho u)}{\partial r}=0 & (2.1.2.1) \\ \dfrac{\partial u}{\partial t}+u\dfrac{\partial u}{\partial r}+\dfrac{1}{\rho}\dfrac{\partial p}{\partial r}=0 & (2.1.2.2) \\ \dfrac{\partial}{\partial t}\left(\dfrac{p}{\rho^\gamma}\right)+u\dfrac{\partial}{\partial r}\left(\dfrac{p}{\rho^\gamma}\right)=0 & (2.1.2.3) \end{cases}$$

ここで，t：時刻，r：空間座標，ρ：密度，p：圧力，u：速度，γ：比熱比．この式は極座標で球面波を解析するが，第一式の質量保存則を以下のように書けば，

$$\frac{\partial \rho}{\partial t}+\frac{\partial \rho u}{\partial r}+\frac{j\rho u}{r}=0 \qquad (2.1.2.1')$$

平面波，円筒波，球面波は，それぞれ，j=0,1,2 に対応する．第2式の運動量保存，第3式のエネルギー保存の代わりに用いる等エントロピーの式は，いずれも座標系によらず不変になる．以下の議論も，(1') 式のjに相当する箇所を変えれば，そのまま成立する．点源爆発の相似解を求める手順は以下の通りである．

無次元変数を設定する．

$$\begin{cases} u(r,t)=\dfrac{r}{t}U(\lambda) & (2.1.2.4) \\ \rho(r,t)=\rho_0 R(\lambda) & (2.1.2.5) \\ p(r,t)=\rho_0\dfrac{r^2}{t^2}P(\lambda) & (2.1.2.6) \end{cases}$$

ただし，衝撃波の極座標の中心からの位置，もしくは衝撃波半径を$r_s(t)$として，無次元変数λを定義する．

$$\lambda \equiv \frac{r}{r_s} \tag{2.1.2.7}$$

ここで，衝撃波半径$r_s\,(t)$について考える．まず，爆発前の雰囲気は静止しており，一様な圧力と密度（静止した理想気体において熱力学量だけが流体を規定するが，独立な熱力学変数は二つであり，ここでは，圧力と密度を選ぶ）によって決められるものとする．（流れがあったり，非一様であったりする場合はややこしいので考えない.）次に，衝撃波の強い極限を考え，衝撃波前方の圧縮される前の雰囲気圧力は，衝撃波背後の，衝撃波によって圧縮された空気の圧力に比べて無視できるとする．このとき，雰囲気状態として関係する物理量としては，密度ρ_0だけになる．爆発源については，爆発のエネルギーEだけが爆風波を特長付けると仮定しよう．（ここで注意したいのは，爆発源のエネルギーとは，100％周囲の空気（流体）のエネルギーに変換されるわけではない．一部は電磁波として放出される．爆発源の高圧ガスが膨張して，周囲の気体の仕事をする訳なので，膨張過程に伴って，爆発源の内部エネルギーの一部が，周囲の気体へ仕事をし，残りは，爆発の中心に高温・低密度な領域として残される．この内部は爆発源を構成する分子の解離や電離に伴う化学的エネルギーが凍結された，いわば「凍結流損失」が残される．ここのEとは，あらゆる損失を差し引いて，雰囲気になされた仕事だと解釈されたい.）また，爆発源の大きさが，爆風波の長さスケールに比べて十分に小さければ，爆発源の大きさは，関係せず，流れ場の空間スケールは，λだけによって決定される．

さて，以上のことから，流れを規定する変数は，時刻t，半径r，E，ρ_0 の4つであるが，バッキンガムのパイ定理より，流れを規定する無次元量はただ一つであり，それは，

$$\xi = \left(\frac{\rho_0}{E}\right)^{1/5} \frac{r}{t^{2/5}} \tag{2.1.2.8}$$

となる．衝撃波半径r_sは$\xi=\xi_0$という値で与えられるとすると，

$$r_s(t) = \xi_0 \left(\frac{E}{\rho_0}\right)^{1/5} t^{2/5} \tag{2.1.2.9}$$

という形で表される．ξ_0の値はエネルギー保存から求められる：

$$E = \int_0^{r_s} \left(\frac{p}{\gamma - 1} + \frac{1}{2}\rho u^2\right) 4\pi r^2 dr \tag{2.1.2.10}$$

$$\rightarrow 1 = {\xi_0}^5 \int_0^1 \left(\frac{P}{\gamma - 1} + \frac{1}{2} R U^2\right) 4\pi \lambda^4 dr \tag{2.1.2.11}$$

（注意：完全気体の単位体積あたりの内部エネルギーは$\frac{p}{\gamma-1}$.）これより，λの関数$P(\lambda),R(\lambda),U(\lambda)$が計算できれば，$\xi_0$が計算できることがわかる．以下のように，$P(\lambda),R(\lambda),U(\lambda)$は数値的に求めるので，$\xi_0$も数値積分によって求める．式から明らかなように,$\xi_0$は$\gamma$の関数であり，たとえば，空気などの場合，$\gamma$=1.4の時，$\xi_0$=1.03となる．

$P(\lambda),R(\lambda),U(\lambda)$を求めよう．式（2.1.2.4）-（2.1.2.6）に無次元変数を代入して，

$$\begin{cases} U(U-1) + \left(U - \frac{2}{5}\right)\dot{U} + 2\frac{P}{R} + \frac{\dot{P}}{R} = 0 & (2.1.2.12) \\ 3U + \left(U - \frac{2}{5}\right)\dot{R} + \dot{U} = 0 & (2.1.2.13) \\ \left(U - \frac{2}{5}\right)\dot{P} - \left(U - \frac{2}{5}\right)\gamma\dot{R} + 2(U-1) = 0 & (2.1.2.14) \end{cases}$$

ただし，以下のように微分量を定義した．

$$\dot{U} \equiv \frac{d\,U}{d\,ln\lambda}, \dot{R} \equiv \frac{d\,R}{d\,ln\lambda}, \dot{P} \equiv \frac{d\,P}{d\,ln\lambda} \tag{2.1.2.15}$$

式（2.1.2.12）-（2.1.2.14）を整理して，

$$\begin{bmatrix} \left(U-\frac{2}{5}\right) & 0 & \frac{1}{R} \\ 1 & \frac{1}{R}\left(U-\frac{2}{5}\right) & 0 \\ 0 & -\gamma\frac{1}{R}\left(U-\frac{2}{5}\right) & \frac{1}{P}\left(U-\frac{2}{5}\right) \end{bmatrix}\begin{pmatrix} \dot{U} \\ \dot{R} \\ \dot{P} \end{pmatrix} \tag{2.1.2.16}$$

$$=\begin{pmatrix} -2\frac{P}{R}-U(U-1) \\ -3U \\ -2(U-1) \end{pmatrix}$$

この係数行列の逆行列を求め，$\begin{pmatrix} \dot{U} \\ \dot{R} \\ \dot{P} \end{pmatrix}=$の形にし，ルンゲクッタ法などで数値的に解くことで，衝撃波背後の分布がわかる．このとき，衝撃波面（$\lambda=1$）の量は，いわゆる「ランキンユゴニオ関係式」（衝撃波前後の保存則に基づく関係式）により，以下のように与えられ，上式を数値的に解く際の境界条件となる：

$$U(1)=\frac{2}{5(\gamma+1)}, R(1)=\frac{\gamma+1}{\gamma-1}, P(1)=\frac{8}{25(\gamma+1)} \tag{2.1.2.17}$$

概略図を下図に示す．

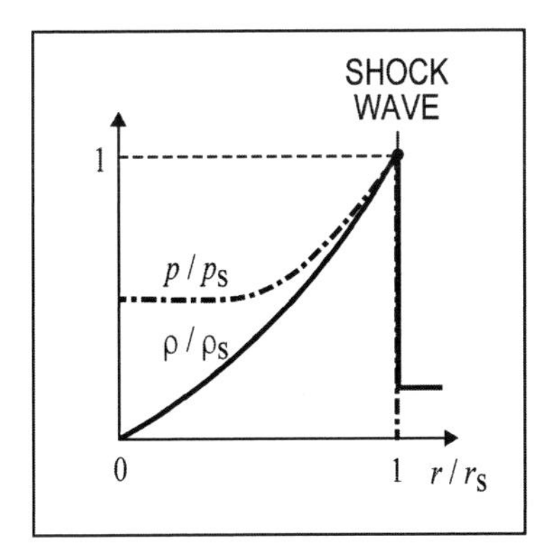

図2.1.2.2.

参考：坂下志郎・池内了共著「宇宙流体力学」培風館，1996.

2.1.3. 円錐ノズルに生ずる力積

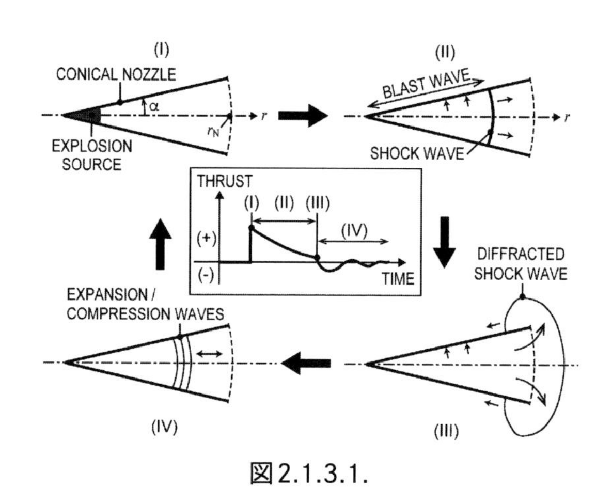

図2.1.3.1.

内部が中空で底面が開放されている円錐（コーン）型のノズルを考える．空気中で，底面を出口として，円錐の内部頂点で爆発を起こした場合に，この円錐ノズルに発生する推力を求めよう．この問題は，レーザー推進の研究に関連して，かなりよく研究されているが，爆発源はレーザープラズマに限らず，任意の爆発源に対して，推進性能を予測するのに役立つだろう．過去の研究から，上図のような現象が発生すると考えられる．爆発が発生した後，推力は，上図に示したような時間履歴を経るが，この推力の時間積分値としての力積（インパルス）の大きさは，主として，ノズル内部に一次元的に爆風波が膨張する第②段階によって決定されると考えて良い．この第②段階に生じる推力は，既に述べた点源爆発の相似解を使って解くことができる．ただし，ここであらかじめ断っておくが，第②段階が支配的とはいえ，これに続く第③，④段階は，時間的に長く継続し，決して無視できない影響を力積に及ぼす．一方で，この後期段階の現象は，三次元性が強く現れることと，長時間つづくために，CFDによって容易に予想することは困難である．加えて，爆発源の大きさがノズルの大きさに比べて十分に小さいという仮定を置いているが，これが必ずしも成り立たない場合，ここで説明する理論予測と実験値との間には，かなりの差異が生じうる．

ここで以下を仮説する：

（i）時刻$t=0$に円錐の頂点($r=0$)から爆風波が膨張を開始する．

（ii）衝撃波がノズル出口に到達した瞬間（時刻$t=t_a$）にノズル内部の圧力が大気圧に回復する．

（iii）円錐の頂点に入力されたエネルギーE_0の一部が爆風波エネルギーE_{bw}に変換され，その比を爆風波エネルギー変換効率$\eta_{bw} \equiv E_{bw}/E_0$と定義する．

ここで，球状爆風波を点源爆発モデルで解いた時，そのエネルギーをEとおいたが，この時，衝撃波は全立体角つまり4πの立体角全体に渡って一様に膨張していた．一方，円錐ノズル内部では，爆風の方向は，立体角$2\pi(1\text{-}\cos\alpha)$だけに限られている．つまり，その分，単位立体角あたりのエネルギーは大きくなる．そこで，点源爆発の相似解におけるEは，E_{bw}を$4\pi/2\pi(1\text{-}\cos\alpha)=2/(1\text{-}\cos\alpha)=\left(\sin\frac{\alpha}{2}\right)^{-2}$倍して

$$E = E_{bw}\left(\sin\frac{\alpha}{2}\right)^{-2} \tag{2.1.3.1}$$

として代入する．以下，添字aは雰囲気（atmosphere）の量を表すものとする．爆風波の伝播に伴って円錐ノズルに生じる力積Iは以下のように計算できる．

$$\begin{aligned} I &= \int_0^{t_a} dt \int \{p(t,A) - p_a\} dA \\ &= \int_0^{t_a}\int_0^{r_s} \{p(t,r) - p_a\}(2\pi\, r\,(\sin\alpha)^2) dr\, dt \\ &= \int_0^{t_a} (2\pi\, {r_s}^2\,(\sin\alpha)^2\, p_s)\left\{\int_0^1 \left(\frac{p}{p_s} - \frac{p_a}{p_s}\right)\lambda d\lambda\right\} dt \end{aligned} \tag{2.1.3.2}$$

ここで，$\frac{p}{p_s}$ はλだけの関数だったから，以下の積分も定数となり，これをC_1と定義する．

$$\int_0^1 \left(\frac{p}{p_s}\right) d\lambda^2 = C_1 = 0.88\ (\gamma = 1.4) \qquad (2.1.3.3)$$

衝撃波の量については，

$$r_s = \left[C_2 \gamma \left\{\frac{E_{bw}/\left(\sin\frac{\alpha}{2}\right)^2}{\rho_a}\right\}\right]^{\frac{1}{5}} t^{\frac{2}{5}}$$

$$= \left[C_2 {c_a}^2 \left\{\frac{E_{bw}/\left(\sin\frac{\alpha}{2}\right)^2}{p_a}\right\}\right]^{\frac{1}{5}} t^{\frac{2}{5}} = \left(C_2 {c_a}^2 r^{*3}\right)^{\frac{1}{5}} t^{\frac{2}{5}} \qquad (2.1.3.4)$$

ただし

$$r^* \equiv \left\{\frac{E_{bw}/\left(\sin\frac{\alpha}{2}\right)^2}{p_a}\right\}^{\frac{1}{3}} \qquad (2.1.3.5)$$

r^*は爆風波の特性長を表す．つまり，爆風波の圧力が大気圧と同程度になる距離と解釈できる．

$$p_s = \frac{2\rho_a}{\gamma + 1} {D_s}^2 \qquad (2.1.3.6)$$

$$D_s \equiv \frac{dr_s}{dt} = \frac{2}{5}\xi_0 \left(\frac{E_{bw}/\left(\sin\frac{\alpha}{2}\right)^2}{\rho_a}\right)^{\frac{1}{5}} t^{-\frac{3}{5}}$$

$$= \frac{2}{5}{\xi_0}^{\frac{5}{2}} \left(\frac{E_{bw}/\left(\sin\frac{\alpha}{2}\right)^2}{\rho_a}\right)^{\frac{1}{2}} {r_s}^{-\frac{3}{2}} \qquad (2.1.3.7)$$

$$I = \pi sin^2\alpha \left\{ \frac{8C_1C_2\rho_a^{\frac{1}{2}}r_n^{\frac{3}{2}}\sqrt{E_{bw}/\left(\sin\frac{\alpha}{2}\right)^2}}{15(\gamma+1)} - \frac{5p_a\rho_a^{\frac{1}{2}}r_n^{\frac{9}{2}}}{9\xi_0^{\frac{5}{2}}\sqrt{E_{bw}/\left(\sin\frac{\alpha}{2}\right)^2}} \right\} \quad (2.1.3.8)$$

運動量結合係数は，力積を爆発源において解放されたエネルギー（＝円錐の頂点に入力されたエネルギーE_0）で割った量として定義すると：

$$C_m \equiv \frac{I}{E_0} = \frac{\eta_{bw}}{c_a} * (1+\cos\alpha) * \frac{5\pi}{\sqrt{C_2}} \left\{ \frac{8C_1C_2}{75(\gamma+1)} \overline{r_n}^{\frac{3}{2}} - \frac{2}{9}\overline{r_n}^{\frac{9}{2}} \right\} \quad (2.1.3.9)$$

ただし，r_nはノズル出口の頂点からの距離で，ノズル長さを表し，$\overline{r_n}$は爆風スケール長で無次元化されたノズル長さで，以下のように定義される．

$$\overline{r_n} \equiv \frac{r_n}{\left(\frac{E_{bw}/\left(\sin\frac{\alpha}{2}\right)^2}{p_a} \right)^{\frac{1}{3}}} \quad (2.1.3.10)$$

運動量結合係数の式で面白いのは，音速の逆数c_a^{-1}とエネルギー変換効率η_{bw}に比例するという点である．その次の$(1+\cos\alpha)$は開口角度の影響，つまりベクトルロスを表し，最後の部分は，ノズルの大きさと爆風波のエネルギースケールとの関係によって決まるスケーリングファクタである．この式は，レーザー推進の実験によって，ある程度正しく円錐ノズルの推進特性を表すことが確認されている．

2.1.4. ノズル形状の効果

ノズルの形状を色々と変えることで，C_mの特性は多少変えることができる．円筒型ノズルや，放物回転体型のノズル（ベルノズルとも呼ばれる）が考えられる．C_mはスケーリングパラメタと，どれだけ細長いか（断面直径と長さの比）によって一意に決められる．C_mの大きさは，細長いほど大きくなるが，レーザー推進研究の結果から，概ね1N/kW程度が限界と思われる．

2.1.5. 爆風波エネルギー変換効率の雰囲気圧力依存性

RPレーザー推進の過去の研究から，図のように，爆発源がレーザープラズマの場合，雰囲気圧力p_aが低下するとη_{bw}も低下することがわかっている．雰囲気圧力が低下により，プラズマ生成過程におけるエネルギーバランスが変化し，輻射損失が大きくなるせいだと思っていた．しかし，これは別に述べる音波推進のインピーダンスマッチングの問題として考えることもできる．圧電アクチュエータでは，効率を最大化する最適負荷が存在する．負荷が小さい，つまり，駆動される側のインピーダンスが低くなると，効率は低下する．このとき，

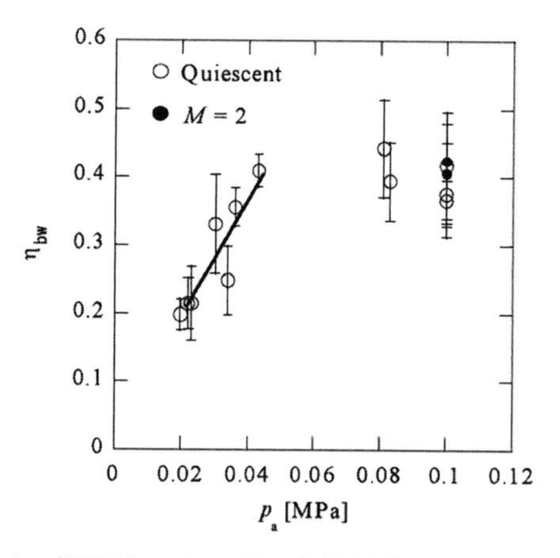

図2.1.5.1　爆風波エネルギー変換効率の雰囲気圧力依存性

（出典：森ほか，日本航空宇宙学会論文集, Vol.51, No.588, pp.23-30, 2003.）

エネルギーの残り，損失分が増加しているが，これは爆発源に凍結されて取り残されているはずである．爆発源の膨張については，熱力学モデルが適用できるだろうか？圧電アクチュエータの損失や回路とのアナロジーをどのように捉えることができるだろうか？興味深いモデル化の課題だと思う．

2.1.6.　高速エアブリージングエンジンへの応用：高速気流中の爆発

高速気流中で爆発を発生させる場合，まず，現象を決定づけると思われるのは，（爆発源の空間スケール）/（爆発にかかる時間スケール）という比で定義される速度と同じ単位の量Vpulseと，流れの速度Vflowとの大小関係ではないかと考えられる．

パルスレーザープラズマのように，爆発源たるプラズマの生成時間がマイクロ秒オーダーで，プラズマのサイズが10mm程度である場合，Vpulse ～ 10 km/sとなり，第一宇宙速度が7km/sであることを考

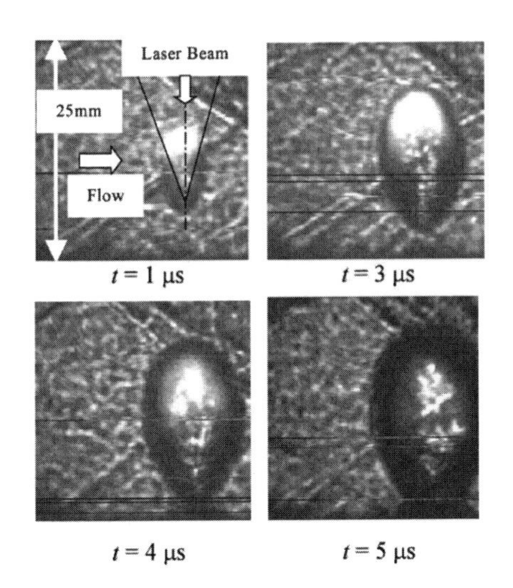

第9図　$M = 2$ 流中に生成されたプラズマ周囲のシャドウグラフ（$E_i = 10$ J, $F = 2.2$）

図2.1.6.1.

（森浩一 他，日本航空宇宙学会論文集，51, 588, 2003.）

えると，かなり速く，いわゆる極超音速気流中でなければ，大した影響はないであろう．一方，マッハ数約5（Vflow ～ 1 km/s）の超音速気流中にて，放電時間0.1ms，電極間距離6mmのアーク放電を発生させた場合，Vpulse ～ 60 m/sとなるが，大きな影響を受け，超音速気流中にアーク放電が侵入していないことがわかる．

ただし，Vpulse vs Vflowの議論は，少々大雑把すぎるだろう．運動量のバランスを考えると，爆発源の圧力と流れの淀み点圧の比を考えるべき場合もあるし，爆発のエネルギーが流れによって持ち去られるような場合は，爆発現象の途上におけるエネルギーバランスを考慮すべき場合もあると考えられる．

爆風波を推進力に利用する場合は，高速気流中の爆風波の伝播につ

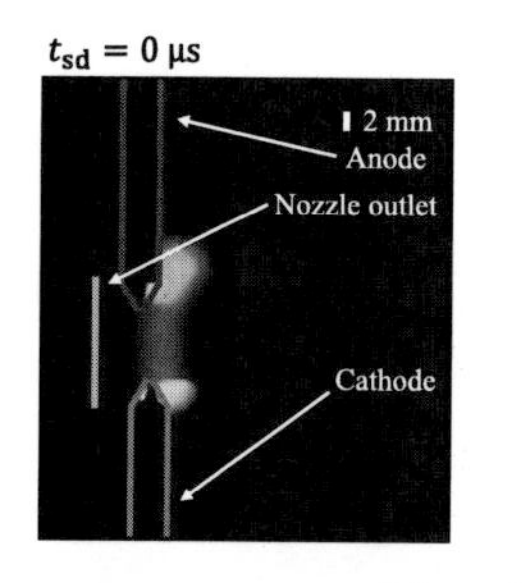

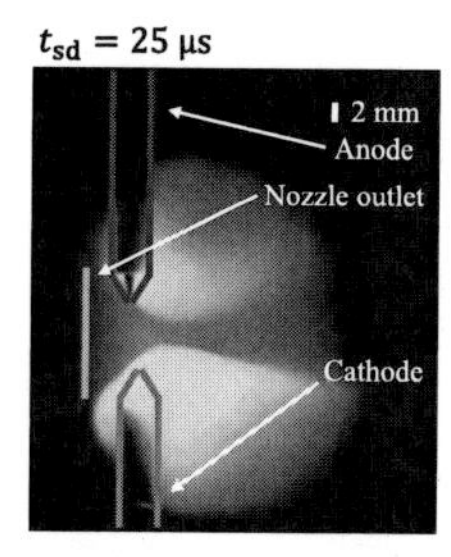

(a) x-z 平面上

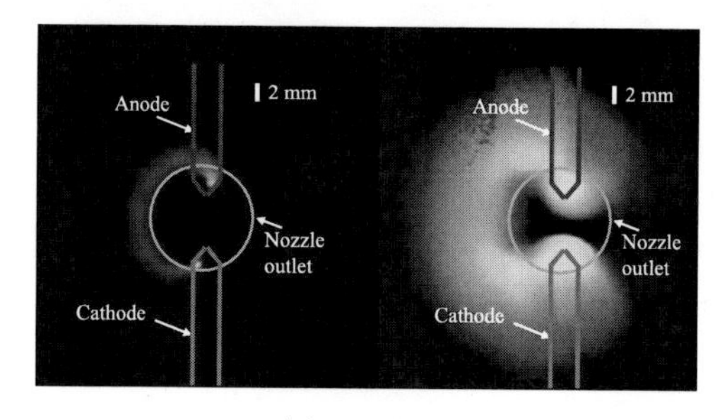

(b) y-z 平面上

図2.1.6.2.

（胡ら，日本航空宇宙学会航空宇宙技術へ投稿中の論文）

いては，また別途検討する必要がある．

2.1.7.　MPDパルスジェット推進

平面爆風波による空力推力（流体力学的な推力＝爆風波による推力）は，球面波の場合と同様に定式化できる．以下では，爆発源がアーク放電になった場合を考える．アーク放電でも，電流をかなり大きくしたものは，MPD（Magneto-Plasma Dynamics）アークと呼ばれ，推力は，空力推力と電磁推力の和になる．上図のような同軸形状のMPDアークの先に円筒ノズルが追加されているような推進機を考える．電気推進の教科書によると，MPDアークの電磁推力は以下の式で表される．

$$F = \frac{\mu J^2}{4\pi} \ln \frac{r_a}{r_c} \tag{2.1.7.1}$$

μ：プラズマの透磁率，J：全電流，r_a：陽極（anode）断面半径，r_a：陽極（anode）断面半径．

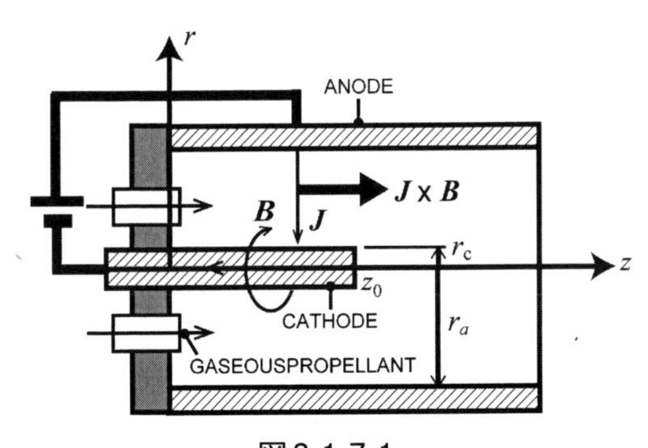

図2.1.7.1.

これを導出してみよう．半径方向に流れる電流密度jは，$J=2\pi r z_0 j$である．電流によって誘起される周方向の自己誘起磁場Bを以下のMaxwell式を積分して求める．

$$\nabla \times \vec{B} = \mu\left(j + \varepsilon\frac{\partial E}{\partial t}\right)$$

$$\rightarrow B = \frac{\mu J}{2\pi r}\left(1 - \frac{z}{z_0}\right) \quad (2.1.7.2)$$

単位体積あたりのローレンツ力は以下の式で表される．

$$f = jB = \frac{\mu J^2}{(2\pi r z_0)^2}(z_0 - z) \quad (2.1.7.3)$$

これを同心円状の空間について体積積分すると，与式が得られる．

$$F = \int_0^{z_0} dz \int_0^{2\pi} d\theta \int_{r_c}^{r_a} r dr\, f \quad (2.1.7.4)$$

電磁推力は，電流がかなり大きくなければ空力推力を超えられない．（目安：1000A.）これほど大きな電流は，実験室レベルでは，パルス的にしか実現できないので，パルス推進として考えた方が適当である．

運動量結合係数C_mを求めるために，投入電力を評価する．プラズマの抵抗をRとして，プラズマに消費される電力を$\frac{1}{2}RJ^2$として評価してみよう．

$$C_m = \frac{\mu}{2\pi R} ln\frac{r_a}{r_c} \quad (2.1.7.5)$$

Rについて，プラズマの導電率σ，静電ポテンシャルϕを用いて，以下の関係から始める．

$$j = -\sigma E = \sigma\frac{\partial \phi}{\partial r} \quad (2.1.7.6)$$

静電ポテンシャルの分布は電荷密度によって決定されるが，プラズマ中の電荷密度を無視できると仮定して，ラプラス方程式($\Delta\phi$=0)を電極によって規定される境界条件の元で解く．（円筒座標系のラプラシアンΔを公式集から見つけて）

$$\Delta\phi = 0 \to \frac{1}{r}\frac{\partial}{\partial r}\left(r\frac{\partial\phi}{\partial r}\right) = 0 \to \phi = \phi_a \frac{ln\frac{r}{r_c}}{ln\frac{r_a}{r_c}}$$

$$j = \sigma\frac{\partial\phi}{\partial r} = \phi_a \frac{\sigma}{ln\frac{r_a}{r_c}}\frac{1}{r}$$

$$\to J = 2\pi r z_0 j = \frac{2\pi z_0 \sigma}{ln\frac{r_a}{r_c}}\phi_a$$

$$\to R = ln\frac{r_a}{r_c}\frac{1}{2\pi z_0 \sigma}$$

$$\therefore\ C_m = \sigma\mu z_0 \tag{2.1.7.7}$$

このように美しい式が得られた．μは，真空中の透磁率で近似して良いのではないか．完全電離プラズマの場合σは，磁場に垂直な方向の導電率に等しく，主に電子温度の3/2乗に比例する．（イオンの価数にも影響を受ける.）プラズマ領域の長さz_0がこの式に入るのは多少気持ちが悪い．プラズマの長さを無限大にすれば，無限のC_mとなるが，何らかの要因によってこれは制限されるはずだ．

参考文献

中村佳朗［編］鈴木弘一著 ロケットエンジン，森北出版株式会社, 2004.
栗木恭一，荒川義博［編］電気推進ロケット入門 東京大学出版会, 2003.
R.G. Jahn, Physics of Electric Propulsion, Dover, 1968.

2.2. 超音波推進

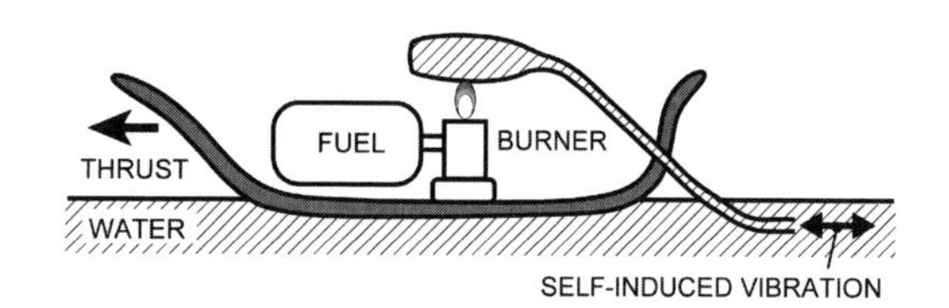

図2.2.1.1.

2.2.1. はじめに

爆風波は音波の強い極限である．弱い音波でも推力を発生できるか？これが次の問いである．有限振幅波と異なり，線形音波が通過しても，流体量つまり熱力学量（p, ρ）と流体速度uは，音波に乗って時間的に変動するが，時間平均としては変化しない．一方，質量流束，運動量流束，エネルギー流束の時間平均はゼロではないから，音波を放出することで推力を得ることは可能なはずである．超音波で小さな物体を浮かす装置は存在する．これは，定在波の節に物体を留めようとする音波の性質を利用していて，推進装置に応用するのは難しそうだ．推進装置から音波を放出して推力を得るものとしては「ポンポン船」が知られている．これは加熱に伴う気柱振動を利用して音波を発生させている．音波といっても，可聴域で大きな音を出すようなものは，航空用エンジンとして実用的でないから，超音波を使うことを考える．そして，超音波の発生方法としては，電気的なものに限定しよう．「ポンポン船」の気柱振動のような現象は複雑であるので，ここでは考えない．

電動航空機は回転翼を使おうとしている．超音波推進が実現して，回転翼をなくせたらカッコいい．回転翼は，先端の周速が音速に近づくと性能が落ちる．超音波推進ならこの制限を乗り越えられるはずだ．つまり，低速から高速まで効率よく推力を発生できる推進装置を考えたい．運動量結合係数C_{m}の上限は特性速度の逆数であった．

単純な進行音波によって達成可能なC_{m}は音速の逆数である．ターボジェットエンジンは音速ノズルで排気することが多い．ジェットの排気は高温なので，排気速度は，標準状態の空気の音速よりも少し速い．（平方根で効いてくるのでオーダーは変わらない程度）このため，ターボジェットエンジンのC_{m}は，空気の音速（以下，c_{a}とする）の逆数よりも小さい．つまり，単純に音波を放出するだけで，ターボジェットエンジンよりも大きなC_{m}が得られるはずだ．一方，ターボファンエンジンやターボプロップエンジンの，ファンやプロペラの排気速度は，c_{a}に比べるとかなり遅いので，C_{m}はc_{a}^{-1}に比べて大きな値になる．つまり，音波を放出するだけではファンに勝てない．何か対策は可能だろうか？

研究室の4年生の協力を得て，図のようなパラメトリックスピーカーという装置を使って超音波推進の性能計測の簡易的な実験を行ってみた．このパラメトリックスピーカーは，周波数40kHzの超音波トランスデューサー（SPL社製UT1007-Z325R）50個をパラレル接続で作動させたもので，超音波を変調させることで，可聴域の音を発生させる．超音波は可聴音に比べて波長が短く，直進性が高いので，このパラメトリックスピーカーを向けた方向にしか音が伝わらないという製品だ．

推力計測には重力振子を用いた．振り子の変位と推力の関係は図の

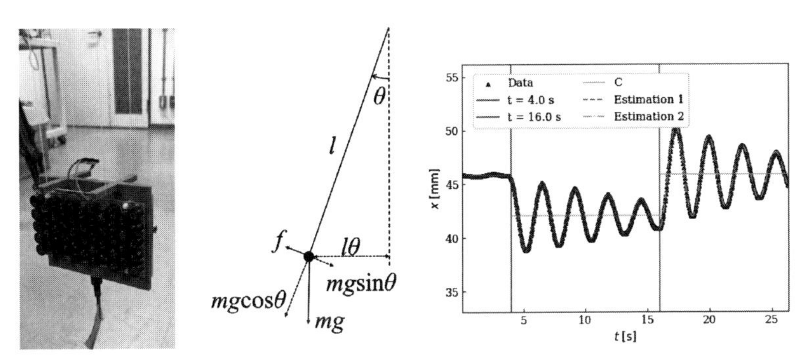

図2.2.1.2.　パラメトリックスピーカ・重力振子を用いた音波推力計測実験

ように，振り子が角度θだけ動いたとき，推力fと重力の分力$mg\ \sin\theta$が釣り合う．ここで，θが微小の時，$\sin\theta=\theta$と近似することができ，横方向の変位Δxが，振り子の長さlを用いて$l\theta$と近似できることを用いると，

$$f = mg \sin\theta \sim mg\theta = mg\,\Delta x/l \tag{2.2.1.1}$$

と表せる．重力振子は，パラメトリックスピーカーを天井から長さ2.5 mのヒモで吊るして構成した．パラメトリックスピーカーの重量は，支持具を含めて135 gだった．

50個のトランスデューサーで合計5.5Wの電力を投入して，得られた推力は約2mNという結果を得た．先述の運動量結合係数で計算すると，推力は16mN程度得られるはずだったので，推進のエネルギー効率としては12%程度だったということになる．簡単な実験にしては，悪くない成績だと言えるだろう．

さらに，実用推進機とするには，以下のような様々な要因を検討する必要がある．

① エネルギースケール

模型飛行機100W，軽飛行機100kW，ビジネスジェット10MW…どの辺まで行けるだろうか？

② エネルギー変換効率

一般の音楽用スピーカーは，電気→音のエネルギー変換効率は低く，せいぜい数%と言われている．一方，超音波トランスデューサーでは，80%の効率で超音波を発生させることに成功している．電動推進として成立するには，エネルギー変換効率が電動モーターに伍して高い必要があるだろう．

③ 比パワー（出力/質量比）

④ 推力密度（単位面積あたりの推力）

これから，まず，音響学の基礎を整理して，これに基づいて，推力

を計算するための（準）1次元モデルを導入する．次に，音源となる超音波トランスデューサーの特性についても簡単に整理する．音響学×推進工学のコラボレーションと言える．

2.2.2.　音響学の基礎

① 音響インテンシティ

音波は（圧力）pと（粒子速度）uが振動する．p以外の熱力学量（密度ρ, 温度T）の変化については，理想気体の状態方程式$p=\rho RT$と 等エントロピー過程を仮定して$pT^{-\frac{\gamma}{\gamma-1}}=const.$などのように求めることはできるが，密度の変動量を考慮することはほとんどなく，以下でもρを定常の定数値として与える．

音波に関して，まず注意したいのは，音波の場合，（圧力）pと（粒子速度）uの振動の位相は必ずしも同じではなく，独立に変えることができるという点である．

簡単な例を考える．空間に固定したある点で圧力と粒子速度を以下のように表示する．

圧力：

$$p = p_0 \sin(\omega t) \quad (2.2.2.1)$$

粒子速度：

$$u = u_0 \sin(\omega t - \psi) \quad (2.2.2.2)$$

これら圧力と粒子速度は，互いに位相がズレている場合を考える．

圧力pは単位面積あたりの（力）であり，粒子速度uは，粒子の単位時間あたりの（変位）である．力学で学んだように，（力）×（変位）が仕事で，エネルギーの次元である．このため，圧力と粒子速度の積puは，単位面積を単位時間あたりに通過するエネルギーを表す．このような物理量は光学などでは一般にインテンシティ（intensity）というので，その時間平均$\langle pu\rangle_t$を音響インテンシティと呼ぶ．これは，音波が運ぶ単位面積あたりのパワー密度であり，エネルギー流束（flux）ともいう．流体力学では，こちらの方がなじみがあるかもしれない．

$$I \equiv \langle pu \rangle_t \tag{2.2.2.3}$$

ここで，$\langle \dots \rangle_t \equiv \left(\frac{2\pi}{\omega}\right)^{-1} \int_0^{\frac{2\pi}{\omega}} \dots dt$と計算できる．振動の1周期$\frac{2\pi}{\omega}$について時間積分して，周期で割ることで時間平均を求める．

これを計算してみよう．

$$pu = p_0 u_0 \sin(\omega t) \sin(\omega t - \psi) \tag{2.2.2.4}$$

$$\rightarrow pu = p_0 u_0 \left(\cos\psi \frac{1 - \cos 2\omega t}{2} + \sin\psi \frac{\sin 2\omega t}{2}\right) \tag{2.2.2.5}$$

これを時間平均とると，$\cos 2\omega t$, $\sin 2\omega t$ の項はゼロになってしまうので，残るのは，

$$I \equiv \langle pu \rangle_t = p_0 u_0 \cos\psi \tag{2.2.2.6}$$

だけとなる．ここで重要なのは，音響インテンシティは，最大$p_0 u_0$であるが，最大となるのは，圧力と速度の位相差ψがゼロのときで，位相差ψが90度$\left(\frac{\pi}{2}\right)$のときには$I$=0となる．つまり，圧力と速度の位相差が90度で振動していても，音波がエネルギーを運ぶことができない．つまり，空間を伝わらず，振動がその地点に止まったままになる．

② *SPL*（Sound Pressure Level），*IL*（Intensity Level）

SPL, *IL*は，音響学では慣用的にdB表示で用いられるので，定義を書いておこう．

$$SPL \equiv 20 \log_{10} \frac{p\ [\mathrm{Pa}]}{2 \times 10^{-5}\ [\mathrm{Pa}]}\ [\mathrm{dB}] \tag{2.2.2.7}$$

$$IL \equiv 10\log_{10}\frac{I\left[\frac{\mathrm{W}}{\mathrm{m}^2}\right]}{10^{-12}\left[\frac{\mathrm{W}}{\mathrm{m}^2}\right]}\ [\mathrm{dB}] \tag{2.2.2.8}$$

*SPL*の基準音圧2×10^{-5} [Pa], *IL*の基準インテンシティ10^{-12} [W/m^2]は，人間の可聴限界に基づいて定められている．

③　複素表現

圧力：$p{=}p_0\, e^{\mathrm{j}\phi}\, e^{\mathrm{j}\omega t}$　(2.2.2.9)

速度：$u{=}u_0\, e^{\mathrm{j}(\phi-\psi)}\, e^{\mathrm{j}\omega t}$　(2.2.2.10)

というように複素数で表現する．jは虚数単位．実部や虚部に物理的に意味はなく，大きさ$|p|{=}p_0$と位相$(\phi+\omega t)$だけが重要である．

複素実効値P, Uをよく使うので定義しよう．

$$P \equiv \frac{p}{\sqrt{2}e^{\mathrm{j}\omega t}} \tag{2.2.2.11}$$

$$U \equiv \frac{u}{\sqrt{2}e^{\mathrm{j}\omega t}} \tag{2.2.2.12}$$

このとき，音響インテンシティは，以下のように計算できる．

$$I = Re[PU^*] \tag{2.2.2.13}$$

これは上の例を使って簡単に証明できる．

④　波動方程式（1-D）

等エントロピー流れの連続の式と運動方程式を変形すると以下のようになる．

$$\begin{cases} -\dfrac{\partial p}{\partial t} = K\dfrac{\partial u}{\partial x} \\ \rho\dfrac{\partial u}{\partial t} + \dfrac{\partial p}{\partial x} = 0 \end{cases} \tag{2.2.2.14}$$

ここで，Kは体積弾性率である．

$$\begin{cases}\dfrac{\partial^2 p}{\partial x^2}=\dfrac{1}{c^2}\dfrac{\partial^2 p}{\partial t^2}\\\dfrac{\partial^2 u}{\partial x^2}=\dfrac{1}{c^2}\dfrac{\partial^2 u}{\partial t^2}\end{cases} \tag{2.2.2.15}$$

ここで，$c=\sqrt{K/\rho}$は音速である．このように，（圧力）pと（粒子速度）uは共に，同じ音速cで伝播する線形波動方程式に支配されている，境界初期条件では，それぞれの振幅と位相は，互いに独立に設定できる．音響インテンシティを運ぶのは，pとuの位相が同じ成分のみで，位相差が90°の成分はエネルギーをその場に滞留させる．

⑤　速度ポテンシャル

音響学における速度ポテンシャルは以下のように定義される：

$$p\equiv\rho\frac{\partial\phi}{\partial t} \tag{2.2.2.16}$$

$$u\equiv-\frac{\partial\phi}{\partial x} \tag{2.2.2.17}$$

これを（1）式に代入すれば，

$$\frac{\partial^2\phi}{\partial t^2}-c^2\frac{\partial^2\phi}{\partial x^2}=0 \tag{2.2.2.18}$$

波動方程式を満足している．速度ポテンシャルの複素実効値も定義する．

$$\Phi\equiv\frac{\phi}{\sqrt{2}e^{j\omega t}} \tag{2.2.2.19}$$

これを波動方程式に代入すると，

$$\frac{d^2\Phi}{dx^2} + k^2\Phi = 0 \quad (2.2.2.20)$$

ここで，$k \equiv \omega/c$は波数である．式（2）の一般解は，

$$\Phi = A e^{-jkx} + B e^{jkx} \quad (2.2.2.21)$$

A, Bは積分定数．

$$\phi = \sqrt{2} A e^{-j(kx-\omega t)} + \sqrt{2} B e^{j(kx+\omega t)} \quad (2.2.2.22)$$

第1項は前進波（xの正の方向に進む），第2項は後退波（xの負の方向に進む）を表す．

複素実効値P, UはΦを用いて以下のように書ける．

$$P = j\omega\rho\Phi \quad (2.2.2.23)$$

$$U = -\Phi' \quad (2.2.2.24)$$

⑥　音響インピーダンス密度　（複素数）

音響インピーダンス密度Z_0は以下のように定義される．

$$Z_0 \equiv \frac{P}{U} \quad (2.2.2.25)$$

ex) 進行波の場合$Z_0 = \rho c$

$$\because P = j\omega\rho\Phi, U = -\Phi', \Phi = A e^{-jkx} \rightarrow P = j\omega\rho A e^{-jkx},$$

$$U = jkA e^{-jkx} \rightarrow Z_0 = \frac{P}{U} = \rho c$$

ただし，$\omega = kc$なる関係式を用いた．この場合には音響インピーダンス密度が実数であるという点にも注意しよう．

2.2.3.　振動板に生ずる推力密度（＝運動量流束）・エネルギー流束・

質量流束

x=0 にて板が$u_0\,(t)$ で振動しているとする．振動数をωとする．

$$U_0 \equiv \frac{u_0}{\sqrt{2}e^{j\omega t}} \tag{2.2.3.1}$$

なお，以下では，振動板の右側に発せられる波に注目し，板の左側の音は考慮しない．

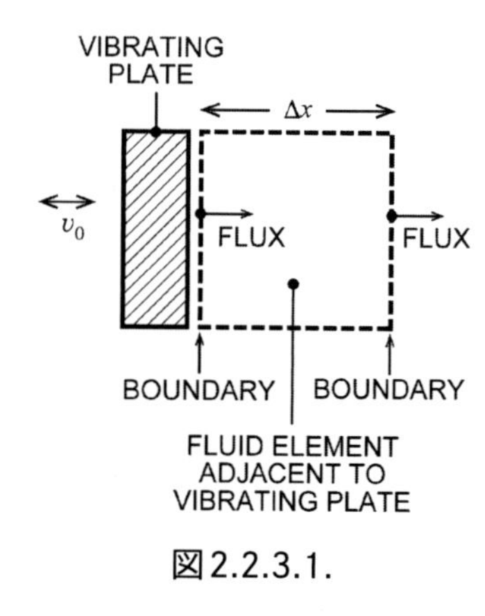

図2.2.3.1.

振動板に隣接する流体要素の方程式（非定常一次元圧縮性流体・保存形）：

$$\begin{cases} \dfrac{\partial\rho}{\partial t}+\dfrac{\partial(\rho u)}{\partial x}=0 \\ \dfrac{\partial\rho u}{\partial t}+\dfrac{\partial(p+\rho u^2)}{\partial x}=0 \\ \dfrac{\partial\left(e+\frac{1}{2}\rho u^2\right)}{\partial t}+\dfrac{\partial\left\{\left(e+p+\frac{1}{2}\rho u^2\right)u\right\}}{\partial x}=0 \end{cases} \tag{2.2.3.2}$$

第1式は，質量保存則，第2式は，運動量保存則，第3式は，エネルギー保存則を表す. eは流体要素の単位体積あたりの内部エネルギーである．各式の第1項の$\frac{\partial}{\partial t}$がかかる被微分変数 ($\rho$, ρu, $e+\frac{1}{2}\rho u^2$) を保存変数（Conservation variables）と呼び，第2項の$\frac{\partial}{\partial x}$がかかる被微分変数，($\rho u$, $p+\rho u^2$, $\left(e+p+\frac{1}{2}\rho u^2\right)u$)を流束（flux）と呼ぶ．流束は，図のように，流体要素の検査体積を，界面を通じて出入りする単位面積あたりの量である．

図のように検査体積の左側に振動板があるとき，定常流 ($\frac{\partial}{\partial t}=0$) として見ると，左側の計面において，振動板から流体要素へ，以下の3種類の流束が，単位面積あたり単位時間あたりに流入してくる．

ρu　　：質量流束（Mass flux）
$p+\rho u^2$　　：運動量流束（Momentum flux）
$\left(e+p+\frac{1}{2}\rho u^2\right)u$　　：エネルギー流束（Energy flux）

振動板へは逆に，($p+\rho u^2$) に相当する力を受け，$\left(e+p+\frac{1}{2}\rho u^2\right)u$に相当するエネルギーを失う．一方で，正味の質量流束が，振動板から隣接する流体要素に流れるが，実際に振動板から質量の流れがある訳ではなく，どこからか質量の流れが補われる必要がある．

振動板から流体要素への運動量流束

まず，振動板から発せられる運動量流束を求める．これは，振動板が反作用として受ける推力密度（単位面積あたりの推力）fに等しい．

$$f=\langle p+\rho u^2\rangle_t|_{x=0}=\left[\frac{\omega}{2\pi}\int_0^{2\pi/\omega}(p+\rho u^2)dt\right]_{x=0}=\rho {U_0}^2 \quad (2.2.3.3)$$

ただし，$\langle p\rangle_t=0$, ρは変動を考えず，一定値とみなす．ただし，ρについて変動を考慮しても，定常成分の運動量流束が2次の微小項である一方で，変動成分は3次の微小項となり無視でき，上の式は変わらない．

注意：振動板に作用する力は，$p+\rho u^2$であるが，通常の振動板では

$p \gg \rho u^2$とみなせ，通常，音響学では，振動板に作用する力として音圧pしか考慮しない．なぜなら，$p/(\rho u^2)=\gamma^{-1}(\gamma p/\rho)u^{-2}=\gamma^{-1}M^{-2} \gg 1$．$\gamma$は流体の比熱比，$M$はここでは振動板の振動運動のマッハ数ということになるが，一般的な音響スピーカーではそんなに高速に動かないので$M \ll 1$となるためである．一方，時間平均してもなお残る，正味の推力は，動圧ρu^2に由来しており，推力を考える時には無視できない．

振動板から流体要素へのエネルギー流束（=音響インテンシティ）

$$I = \langle pu \rangle_t |_{x=0} = \mathrm{Re}[PU^*]_{x=0} \tag{2.2.3.4}$$

ここで，振動板の振動速度uと表面での音圧pとの間に位相差ψがあるとすると，

$$I = |P_0|U_0 \cos\psi \ \le \ |P_0|U_0 \tag{2.2.3.5}$$

となる．後で，音響管の推力への効果を考える節にて詳しく説明するが，振動板から発せられる進行波しかない場合には，1次元問題を考える限りにおいては，$\psi=0$となる．

ここで，エネルギー流束は，$\left(e+p+\frac{1}{2}\rho u^2\right)u$だったが，ここでは，第二項のみを考えている．内部エネルギーeの変動を考えていないというのは，温度の変動を考慮していないので，このモデルは等温モデルであると言える．また，音響インテンシティが2次の微小量であるのに対して，運動エネルギー$\frac{1}{2}\rho u^2$とuの積は3次の微小量になるので無視できると考えたが，先ほど述べたことに関連して，振動板のマッハ数が大きくなると，これも無視できなくなるだろう．

以上の式から，運動量結合係数は，

$$C_m = \frac{f}{I} = \langle pu \rangle_t |_{x=0} = \frac{\rho {U_0}^2}{\mathrm{Re}[PU^*]} = \frac{\rho {U_0}^2}{\mathrm{Re}[Z_0 UU^*]}$$

$$= \frac{\rho {U_0}^2}{{U_0}^2 \mathrm{Re}[Z_0]} = \frac{\rho}{\mathrm{Re}[Z_0]} \tag{2.2.3.6}$$

進行波の場合，$Z_0=\rho c$だったから，$C_m=c^{-1}$となる．

<u>質量流束（おまけ？）</u>

正味の質量はどうなるか？

$$\langle \rho u \rangle_t |_{x=0} \tag{2.2.3.7}$$

密度ρを一定値とすると，

$$\rho \langle u \rangle_t |_{x=0} = 0 \tag{2.2.3.8}$$

となってしまい，正味の質量流束はないということになってしまう．ρについて変動を考慮する必要がある．ここで，密度の変動量については，等エントロピー流れのエネルギー式を考慮すると，

$$\frac{\partial}{\partial t}\left(\frac{p}{\rho^\gamma}\right) + u \frac{\partial}{\partial r}\left(\frac{p}{\rho^\gamma}\right) = 0 \tag{2.2.3.9}$$

もし，流れがない（$u=0$）とすると，ρの変動はpの変動と同位相になる．流れがある場合にどうなるか？検討が必要である．

注意：左端に振動板がある流体から見ると，左端の境界から流体へ質量・運動量・エネルギーの流れがある．時間平均を取った正味量として，定常的に流れ込んでくる．このため，振動板の作用は，境界条件として与えることで，振動板の振動が流体に及ぼす影響を，CFD（Computational Fluid Dynamics）などでもモデル化することができる．一方，振動板が感じる音響インピーダンス密度は，振動板と流体の界面におけるP/Uで決まるので，圧力と速度の変動を計算する必要がある．

2.2.4. 音響管の推力・運動量結合係数への効果

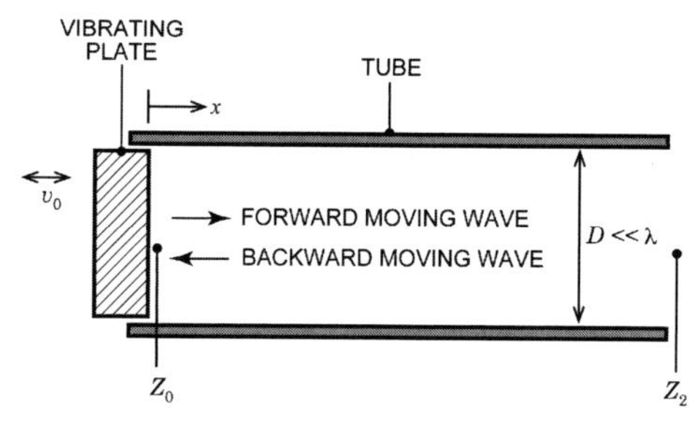

図2.2.4.1.

管端で音波が反射することで，管内には進行波と後退波が混在している．このとき速度ポテンシャルの複素実効値は以下のようになる．

$$\Phi = A\mathrm{e}^{-\mathrm{j}kx} + B\mathrm{e}^{\mathrm{j}kx} \tag{2.2.4.1}$$

ここでA,Bはそれぞれ進行波，後退波の振幅に相当する．速度ポテンシャルは以下のように置いたことになる．

$$\phi = \sqrt{2}A\mathrm{e}^{-\mathrm{j}(kx-\omega t)} + \sqrt{2}B\mathrm{e}^{\mathrm{j}(kx+\omega t)} \tag{2.2.4.2}$$

圧力，速度の複素実効値は以下の式で計算されるのであった：

$$P = j\omega\rho\Phi,\ U = -\Phi'$$

$$\rightarrow P = j\omega\rho\left(A\mathrm{e}^{-\mathrm{j}kx} + B\mathrm{e}^{\mathrm{j}kx}\right) \tag{2.2.4.3}$$

$$U = jk\left(A\mathrm{e}^{-\mathrm{j}kx} - B\mathrm{e}^{\mathrm{j}kx}\right) \tag{2.2.4.4}$$

境界条件：

$$\begin{cases} x = 0:\ U_0 = jk(A - B) \\ x = l:\ Z_2 = \left.\dfrac{P}{U}\right|_{x=l} = \dfrac{\omega\rho\left(A\mathrm{e}^{-\mathrm{j}kl} + B\mathrm{e}^{\mathrm{j}kl}\right)}{k\left(A\mathrm{e}^{-\mathrm{j}kl} - B\mathrm{e}^{\mathrm{j}kl}\right)} \end{cases} \tag{2.2.4.5}$$

ここでU_0は左端の振動板の振動速度で定数である．Z_2は音響管の右端の音響インピーダンス密度で，左端が閉じている場合（閉端）$U=0 \rightarrow Z_2=\infty$，左端が開いている場合（開端）$Z_2=0$が典型的な境界条件として与えられる．ただし，開端の場合，実際には，音響エネルギーが漏れることになるので，$Z_2=0$というのは，音響管内の共鳴現象を説明するための便宜的な値であり，実際には，Z_2は$0 \sim \rho c$の何らかの有限値になると考えるべきである．以下では，何らかの定数とみなして考える．

このように，A,BをZ_2, U_0で置き換えて解を求めると以下のようになる：

解：

$$P = \frac{Z_2 \cos k(l-x) + j\rho c \sin k(l-x)}{\rho c \cos kl + jZ_2 \sin kl} \rho c U_0 \tag{2.2.4.6}$$

$$U = \frac{\rho c \cos k(l-x) + jZ_2 \sin k(l-x)}{\rho c \cos kl + jZ_2 \sin kl} U_0 \tag{2.2.4.7}$$

$$Z_0 = \left.\frac{P}{U}\right|_{x=0} = \frac{P|_{x=0}}{U_0} = \frac{Z_2 \cos kl + j\rho c \sin kl}{\rho c \cos kl + jZ_2 \sin kl} \rho c \tag{2.2.4.8}$$

Z_0は左端の振動板が感じる音響インピーダンス密度であり，振動板から放出される音響インテンシティ（エネルギー流束）Iを決定づける：

$$I = \mathrm{Re}[PU^*]_{x=0} = \mathrm{Re}[PU_0] = \mathrm{Re}\left[Z_0 {U_0}^2\right] = \mathrm{Re}[Z_0]{U_0}^2 \tag{2.2.4.9}$$

これにZ_0の上式を代入すると，

$$I = \frac{\mathrm{Re}[Z_2]{U_0}^2}{\cos^2 kl + (Z_2/\rho c)^2 \sin^2 kl} \tag{2.2.4.10}$$

やはり，音響エネルギーがどれだけ放出されるかは，音響管の右端の音響インピーダンス密度Z_2によって決定づけられている．では，管の右端から放出される運動量流束（推力密度）fはどうなるか？

$$f = \langle \rho u^2 \rangle_t |_{x=l} = \mathrm{Re}[\rho U U^*]_{x=l}$$
$$= \frac{\rho {U_0}^2}{\cos^2 kl + (Z_2/\rho c)^2 \sin^2 kl} \geq \rho {U_0}^2 \quad (2.2.4.11)$$

つまり単純な進行波の場合より大きな推力が発生している！最小値は，ρU_0^2（$kl=n\pi$（n：整数）のとき），最大値は，$\rho U_0^2 (Z_2/\rho c)^{-2}$（$kl=\left(n+\frac{1}{2}\right)\pi$（$n$：整数）のとき）となる．ただし，$0<Z_2/\rho c\leq 1$を仮定している．

運動量結合係数C_mは，

$$C_m = \frac{\rho}{\mathrm{Re}[Z_2]} \quad (2.2.4.12)$$

ここで，

$$0 < \mathrm{Re}[Z_2]/\rho c \leq 1 \quad (2.2.4.13)$$

を仮定しているので，

$$\frac{1}{c} \leq C_m < \infty \quad (2.2.4.14)$$

となり，音響管を追加することで推力増大が期待できる．Z_2が重要だ．この終端インピーダンスZ_2については，フレッチャー・ロッシング著「楽器の物理学」第8章に議論されている．

2.2.5. ホーン（準一次元モデル）の推力への効果

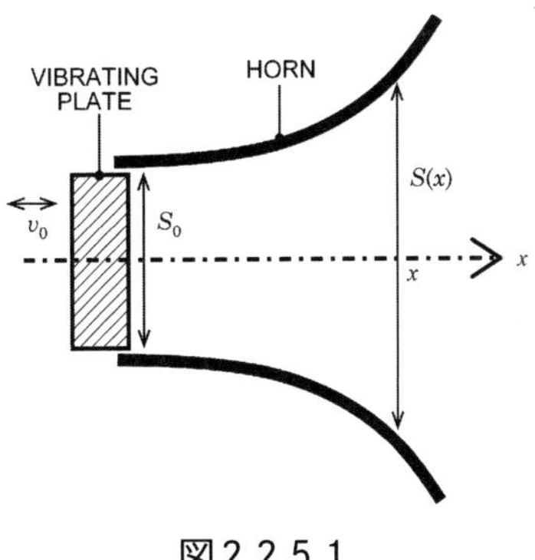

図2.2.5.1.

ここまでは純粋に一次元モデルだったが，図のような，断面積がx方向に向って変化するホーンによって推力がどのように影響されうるかを見る．速度ポテンシャルの準一次元方程式は以下のようになる

$$\frac{1}{c^2}\frac{\partial^2\phi}{\partial t^2}-\frac{S'}{S}\frac{\partial\phi}{\partial x}-\frac{\partial^2\phi}{\partial x^2}=0 \tag{2.2.5.1}$$

$$\rightarrow\left(\frac{d^2}{dx^2}+\frac{S'}{S}\frac{d}{dx}+k^2\right)\Phi=0 \tag{2.2.5.2}$$

解析を簡単にするために，代表的なホーンとして，エクスポネンシャル・ホーン（Exponential Horn）

$$S=S(x)=S_0e^{2\alpha x}\quad(\alpha>0) \tag{2.2.5.3}$$

を用いて解析を進めよう．

一般解：

$$\Phi=e^{-\alpha x}\left(A\mathrm{e}^{-\mathrm{j}\sqrt{k^2-\alpha^2}x}+B\mathrm{e}^{\mathrm{j}\sqrt{k^2-\alpha^2}x}\right) \tag{2.2.5.4}$$

ここで，ω=kcであるので$\tilde{k}=\sqrt{k^2-\alpha^2}$とおくと，ホーン内部の音速は，

$$\tilde{c} = \omega/\tilde{k} = \omega/\sqrt{k^2 - \alpha^2} > c \tag{2.2.5.5}$$

となり，音速が速くなることになる．

ホーンの出口から反射がないとして，B=0を仮定する．この仮定はホーンの長さが音波の波長に比べて十分に長く，無限長とみなせる場合に良い近似となる．このとき，圧力と速度は以下のようになる．

$$P = j\omega\rho A \mathrm{e}^{\left(-\alpha - \mathrm{j}\sqrt{k^2-\alpha^2}\right)x} \tag{2.2.5.6}$$

$$U = \left(\alpha + \mathrm{j}\sqrt{k^2 - \alpha^2}\right) A \mathrm{e}^{\left(-\alpha - \mathrm{j}\sqrt{k^2-\alpha^2}\right)x} \tag{2.2.5.7}$$

これらより，音響インピーダンス密度は

$$Z = \frac{P}{U} = \frac{j\omega\rho}{\alpha + \mathrm{j}\sqrt{k^2 - \alpha^2}} \tag{2.2.5.8}$$

となり，ホーン内部のx座標によらず定数となる．

境界条件より，

$$U_0 = U|_{x=0} = \left(\alpha + \mathrm{j}\sqrt{k^2 - \alpha^2}\right) A \tag{2.2.5.9}$$

$$\rightarrow A = \frac{U_0}{\alpha + \mathrm{j}\sqrt{k^2 - \alpha^2}} \tag{2.2.5.10}$$

このとき，ホーン出口が受ける推力（運動量流束の面積積分）Fを求めると，

$$F = Re[\rho U U^*] S(l) = \rho {U_0}^2 S_0 \tag{2.2.5.11}$$

となり，ホーンをつけないときと推力は変わらない．一方，放射パワー（音響インテンシティ，エネルギー流束の面積積分）Powは，

$$Pow = Re[PU^*]S(l) = \rho c\, U_0{}^2 S_0 \sqrt{1+\left(\frac{\alpha}{k}\right)^2} \tag{2.2.5.12}$$

$\rho c\, U_0{}^2\, S_0$は振動板が，ホーンなしで，剥き出しで置かれているときの放射パワーであり，$\sqrt{1+\left(\frac{\alpha}{k}\right)^2}$の平方根内第2項の分だけ増えるということになる．つまり，ホーンをつけた場合，推力はホーンなしの場合と変わらず，放射パワー増加しているので，運動量結合係数（この場合は$C_m \equiv F/Pow$と定義される）はホーンを付けた方が低下する！

では下図のように，断面積が減少するコーンを取り付けるとどうなるだろうか？有限長のコーンについて，後退波も考慮して，推力と放射パワーを求めてみよう．（演習問題）

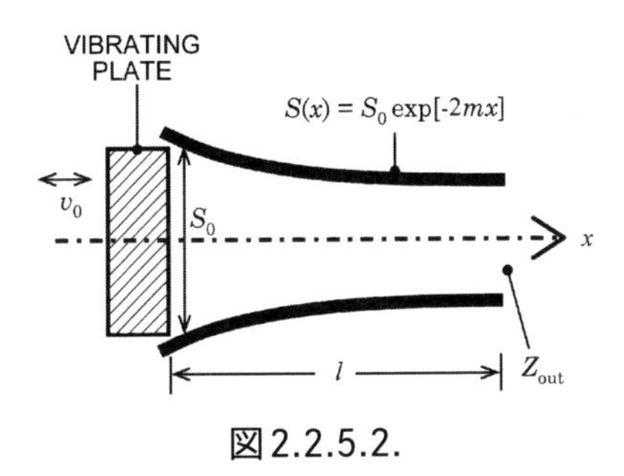

図2.2.5.2.

2.2.6. 超音波トランスデューサー

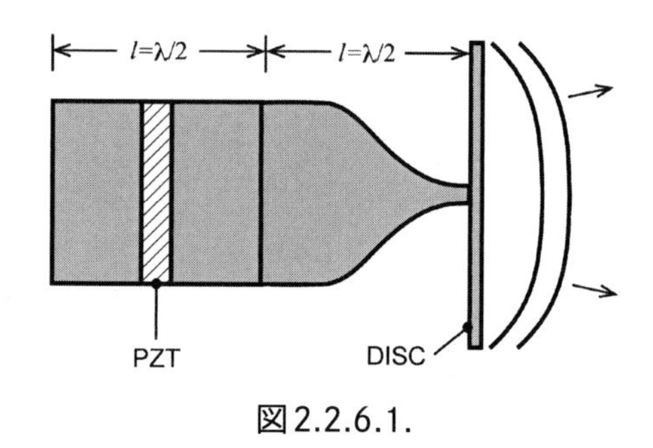

図2.2.6.1.

上図は，空気中超音波発信器の概念図を示している．超音波を空気中に伝播させようとすると，水中や固体中に発生させる場合に比べて，電気から超音波へのエネルギー変換効率を高くしにくい．これは，固体で構成される発信器と空気とでは音響インピーダンス密度が著しく異なっており，その界面で音波が反射され，固体から空気中へ音波が出ていってくれないため，とも説明できる．インピーダンス整合部を付与することで，最大80％程度の電気-音響エネルギー変換効率が実現されている．特にエネルギー変換効率に着目して，超音波発信器の基礎を整理しておこう．

① 圧電方程式

<u>正圧電効果</u>（応力σ→分極P）：

$$P = d\sigma + \varepsilon_0 \varepsilon E \tag{2.2.6.1}$$

P: 分極

σ: 応力（stress = 単位面積あたりの力）

d: 圧電定数

ε_0: 真空誘電率

ε: 比誘電率

<u>逆圧電効果</u>（電界E→ひずみϵ）：

$$x = dE + s\sigma \tag{2.2.6.2}$$

x: ひずみ（strain = 変位 / 長さ：無次元量）
E: 電場
d: 圧電定数
s: 弾性コンプライアンス（弾性定数行列の逆行列）

圧電素子には双極子が生じている．双極子における電荷間の距離をδ，双極子1個あたりの電荷をq，単位体積あたりの双極子の数をNとすると，δqNxで単位体積の双極子モーメント＝分極Pに一致する．

② 電気機械結合係数 k

アクチュエータの電気結合係数kは，入力可能な電気エネルギー$\frac{1}{2}\varepsilon_0\varepsilon E^2$（ここで，$\varepsilon_0$: 真空誘電率，$\varepsilon$: 比誘電率，$E$: 最大電場 ）に対する圧電素子に蓄えうる（これが，出力の機械エネルギーの上限を与える）$\frac{1}{2}s^{-1}x^2$（s: 弾性コンプライアンス（弾性定数の逆行列），x: ひずみ）の比によって以下のように定義される．

$$k^2 \equiv \frac{\frac{1}{2}s^{-1}x^2}{\frac{1}{2}\varepsilon_0\varepsilon E^2} = \frac{\frac{1}{2}s^{-1}(dE)^2}{\frac{1}{2}\varepsilon_0\varepsilon E^2} = \frac{d^2}{s\varepsilon_0\varepsilon} \tag{2.2.6.3}$$

これは物性値に依存する定数である．

③ （最大）エネルギー伝達率λ_{MAX}

アクチュエータについて，入力電気エネルギーと出力機械エネルギーの比は，負荷によって変わる．アクチュエータに対して最適な負荷（ここでは，与えられた電場Eに対して最適な応力σ）が加わるときに最大になる．その最大値を「エネルギー伝達率」と呼ぶ．

$$\lambda_{\mathrm{MAX}} = \left(\frac{\text{出力機械エネルギー}}{\text{入力電気エネルギー}} \right)_{MAX} \tag{2.2.6.4}$$

機械エネルギーと電気エネルギーは，圧電方程式を用いて以下のように求められる．

出力機械エネルギー：

$$\int -\sigma dx = -\sigma(dE + s\sigma) \tag{2.2.6.5}$$

入力電気エネルギー：

$$\int EdP = E(d\sigma + \varepsilon_0 \varepsilon E) \tag{2.2.6.6}$$

$$\lambda = \frac{-\sigma(dE + s\sigma)}{E(d\sigma + \varepsilon_0 \varepsilon E)} = -\frac{d\left(\frac{\sigma}{E}\right) + s\left(\frac{\sigma}{E}\right)^2}{\varepsilon_0 \varepsilon + d\left(\frac{\sigma}{E}\right)} = -\frac{dy + sy^2}{\varepsilon_0 \varepsilon + dy} \tag{2.2.6.7}$$

ただし，$y \equiv \frac{\sigma}{E}$

$$\frac{d\lambda}{dy} = 0 \tag{2.2.6.8}$$

より$\lambda = \lambda_{MAX}$となるので，

$$\lambda_{\mathrm{MAX}} = \left(\frac{1}{k} - \sqrt{\frac{1}{k^2} - 1} \right)^2 \tag{2.2.6.9}$$

このとき，

$$\frac{\sigma}{E} = \frac{\varepsilon_0 \varepsilon}{d}\left(-1 + \sqrt{1 - k^2}\right) \tag{2.2.6.10}$$

これによって最適負荷が決定できる．kが大きいアクチュエータは「ハード系」と呼ばれる．kが大きい，とは弾性コンプライアンスが小さい（弾性係数が大きい，バネでいうとバネ定数が大きい，つまり固いバネ）と考えれば，このネーミングも納得できる．ハード系アクチュエータの場合，エネルギー伝達の効率を高めるためには，σ/Eを大きくする必要がある．つまり，アクチュエータに作用する応力σは（Eの割に）大きい，つまり，大きな負荷が作用している必要がある．ハード系アクチュエータに，小さな負荷が作用する状況は「のれんに腕押し」となる．この状況は，特に，圧電セラミックスのようなハードな材料で，軽い「空気」を押そうとすると，前者と後者の間のインピーダンス密度が大きく異なるため，空気中に超音波を発生させる超音波トランスデューサの設計にはインピーダンス整合に工夫が必要となる．これに対して，水中や人体のような（空気に比べて）密度の高い媒体中に超音波を発生させるトランスデューサの設計は比較的容易とされる．

航空推進への応用を考えると，パワーと比パワー（アクチュエータの単位重量あたりの出力可能な音響パワー）の両者を大きくすることが必要になる．2024年現在で，市販される圧電セラミクスの出力可能なパワーは最大1kWのオーダーで，小型無人航空機には適用可能なパワースケールと言える．しかし，航空機への搭載には，アクチュエータの軽量化により比パワーの向上が必要になると考えられる．さらに人が乗るような航空機の推進に適用すること考える場合，更なるハイパワー化が必要であるが，この場合，超音波の伝播における非線形性がどのように推進性能に影響を及ぼすか？という研究課題が生まれると考えられる．また，強力な超音波が人体にどのような影響を及ぼすのか，という懸念も考慮されるべきであろう．

参考文献

三井田惇郎「音響工学」（1987）昭晃堂，
富永昭「熱音響工学の基礎」（1998）内田老鶴圃，
フレッチャー・ロッシング「楽器の物理学」（2002）丸善出版，
Kenji Uchino「強誘電体デバイス」（2000）森北出版

2.3. プラズマ波推進

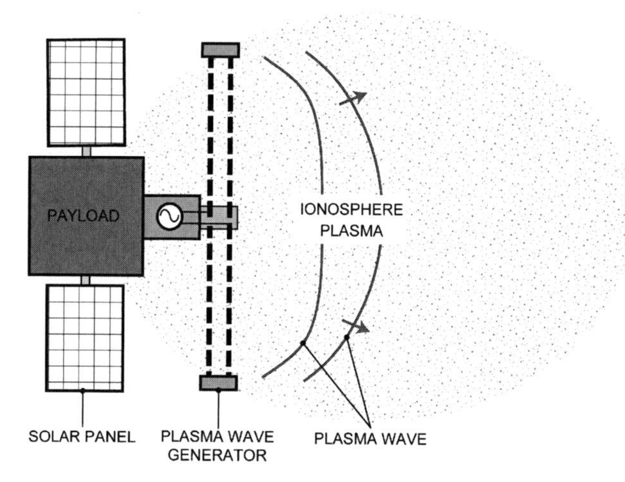

図2.3.1.1. 電離圏プラズマ中にプラズマ波を発振することよって推進する宇宙機の概念図.

2.3.1. はじめに

ここまで見てきたように，波を発生できれば，推力を生ずることができる．気体が電離すると，中性粒子に加えて，電荷を持つ電子とイオンが生じる．中性粒子同士の相互作用は，衝突によるが，プラズマに含まれる電子同士，イオン同士，そして，電子とイオンの相互作用は，電荷によって生じる静電場ならびに，電流によって生じる磁場を介し，多様になる．同時に，プラズマ中には，多様な波が発生しうる．静電場を介する電子プラズマ波とイオン音波に加えて，磁場を介する多数の波の存在が知られている．これらの多様な波を利用して，多様な条件のもとで推進力を発生できるはずである．地球の上空高度60km-800kmという広大な領域は電離層と呼ばれ，プラズマに満たされている．この領域で推進にプラズマ波動を用いることは，とても理にかなっていると考えられる．しかし，これまで，電離層における推進にはロケットエンジンが用いられており，搭載推進剤が消費されている．電離層のプラズマ波推進は，推進剤の消費なしに，電力だけで推進力を発生させることができ，大きな利点になることが考えられる．一方で，プラズマ波動の源が巨大になり，そのような推進方法は実現可能性がないかもしれない．実現可能性を明らかにするために，理論的な検討に取り組もう．

2.3.2. 基礎方程式

基礎方程式は，流体モデルから電子の質量保存式と運動量保存式に加えて，電子-イオン間に生じる電場をPoisson方程式で方程式系を閉じる．ここで，注意が必要なのは，流体モデルを用いる点である．粒子集団のモデルについては，衝突項を含むBoltzmann方程式に基づく運動論（Kinetic Theory）が基本的であるが，考えている時間スケールに対して中性粒子間の衝突頻度が低い場合，無衝突であるとみなせる．無衝突粒子集団はVlasov方程式で表される．このような運動論方程式を直接解くことによってのみ生じる効果を「運動論効果」と呼ぶ．一方，流体方程式は，このVlasov方程式の1次モーメントから連続の式，2次モーメントから運動方程式が導出される．より高次のモーメントを考慮することで，運動論効果も再現できると考えられるが，流体方程式によって得られる近似解によっても，相当の良い近似であるとみなせる．

以下では，電子の運動のみを考え，イオンは空間中に静止していると考える．時間1次元で空間1次元を考える．

$$\frac{\partial n_e}{\partial t}+\frac{\partial n_e v_{ex}}{\partial x}=0 \tag{2.3.2.1}$$

$$m_e n_e\left(\frac{\partial v_{ex}}{\partial t}+v_{ex}\frac{\partial v_{ex}}{\partial x}\right)=-\frac{\partial p_e}{\partial x}-en_eE \tag{2.3.2.2}$$

$$\frac{\partial E}{\partial x}=\frac{1}{\varepsilon_0}(n_0-n_e) \tag{2.3.2.3}$$

ここで，電子の圧力p_eは，以下の非相対論的状態方程式を満足すると仮定する．

$$p_e = k_B n_e T_0 \tag{2.3.2.4}$$

k_B: Boltzmann 定数．ただし，温度T_0を一定と仮定するので，等温流体モデルになっている．

電子プラズマ波は，電子の密度と速度，そして電場の変動（それぞれ，n_1, v_1, E_1）が空間を伝播していく現象である．これらの変動が，時間平均値（それぞれn_0, v_0=0, E_0=0）に比べて十分に小さいと仮定して，2次以上の微小項を無視して線形化する．ここで，元の流体方程式は非線形の方程式であるので，波の振幅が大きくなると，非線形性が大きな影響をもたらす可能性があるが，ここでは非線形性の影響を無視していることに注意されたい．

次に進行波解を仮定する．

$$\begin{cases} n_1 = \bar{n}_1 \exp\{j(kx - \omega t)\} \\ v_1 = \bar{v}_1 \exp\{j(kx - \omega t)\} \\ E_1 = \bar{E}_1 \exp\{j(kx - \omega t)\} \end{cases} \tag{2.3.2.5}$$

これを元の基礎方程式に代入すると，偏微分方程式が連立代数方程式になる：

$$\begin{cases} -j\omega\bar{n}_1 + jkn_0\bar{v}_1 = 0 \\ -j\omega m_e n_0 \bar{v}_1 = -en_0\bar{E}_1 - jkk_B T_0 \bar{n}_1 \\ jk\bar{E}_1 = -\dfrac{1}{\varepsilon_0} e\bar{n}_1 \end{cases} \tag{2.3.2.6}$$

これら3式を上から順に変形すると

$$\begin{cases} \bar{n}_1 = \dfrac{k}{\omega} n_0 \bar{v}_1 & (2.3.2.7) \\ \bar{v}_1 = -j\omega \dfrac{\varepsilon_0}{en_0} \bar{E}_1 & (2.3.2.8) \\ \left(1 - \dfrac{{\omega_{\mathrm{pe}}}^2}{\omega^2} - \dfrac{k_B T_0}{m_e \omega^2} k^2\right) \bar{E}_1 = 0 & (2.3.2.9) \end{cases}$$

ただし，

$$\omega_{\mathrm{pe}} \equiv \sqrt{\frac{n_0 e^2}{m_e \varepsilon_0}}$$

はプラズマ周波数（plasma frequency）

この第3式が，$\bar{E}_1 \neq 0$ の元で成立する条件は，$1-\frac{\omega_{\mathrm{pe}}^2}{\omega^2}-\frac{k_B T_0}{m_e \omega^2} k^2=0$ であり，これが，波の分散式を与える．

$$\omega^2=\omega_{\mathrm{pe}}^2+\frac{k_B T_0}{m_e} k^2 \qquad (2.3.2.10)$$

これはよく知られている電子プラズマ波の分散関係式を表す．つまり，電子プラズマ波の最小周波数はプラズマ周波数ω_{pe}に等しく，周波数ωは，波数kに対して単調に増加する．このため，波の波長($\lambda=2\pi/k$)と周波数ωは一対一に対応しており，波長が短い（短波長）ほど，周波数が高くなる（高周波）になる．

波の伝播の群速度（group velocity）C_{g}は波長に反比例する：

$$C_{\mathrm{g}} \equiv \frac{d\omega}{dk}=\frac{d}{dk}\sqrt{\omega_{\mathrm{pe}}^2+\frac{k_B T_0}{m_e} k^2}=\frac{\left(\frac{k_B T_0}{m_e}\right) k}{\sqrt{\omega_{\mathrm{pe}}^2+\left(\frac{k_B T_0}{m_e}\right) k^2}} \qquad (2.3.2.11)$$

C_{g}は，熱速度で$C_T \equiv \sqrt{\frac{k_B T_0}{2 m_e}}$を用いて以下のようにも書ける．

$$C_{\mathrm{g}}=2 C_T\left\{\left(\frac{\omega_{\mathrm{pe}}}{C_T k}\right)^2+2\right\}^{-1/2}=2 C_T\left\{\left(\frac{\lambda \omega_{\mathrm{pe}}}{2\pi C_T}\right)^2+2\right\}^{-1/2} \qquad (2.3.2.12)$$

C_{g}の式から，長波長（λ大）では波の速度は遅く（C_{g}小），逆に，短波長（λ小）では速度は速い（C_{g}大）．

音波推進では，運動量結合係数が波の伝播速度（ファクター倍の違いを無視すれば，音波の伝播速度である音速は，流体の熱速度に等しい）に反比例するが，空気中音波の分散関係式は直線だったので，運動量結合係数が波の波長や周波数によって変化することはなかった．一方，電子プラズマ波の場合，長波長は群速度が遅い．では，この場合，運動量結合係数はどのような性質を持つはずだろうか？

後で，推力および運動量結合係数を求める上で，波の位相速度（Phase velocity）C_pを使って式を整理できるので，これを導入しておこう．

$$C_\mathrm{p}{}^2 \equiv \left(\frac{\omega}{k}\right)^2 = \left(\frac{\omega_\mathrm{pe}}{k}\right)^2 + \frac{k_B T_0}{m_e} = \left(\frac{\omega_\mathrm{pe}}{k}\right)^2 + \frac{1}{2} C_T{}^2 \qquad (2.3.2.13)$$

高周波の極限$\omega \gg \omega_\mathrm{pe}$であれば，$C_\mathrm{p} = C_T/\sqrt{2}$となる．

2.3.3. 推力

前節の音波推進でやったように，流束（flux）を求めて，電子プラズマ波を発振することで得られる推力と運動量結合係数を求めよう．

① 質量流束（Mass flux）

$$\langle \rho v \rangle_t = m_e \mathrm{Re}[\bar{n}_1 \bar{v}_1{}^*] = m_e \frac{k}{\omega} n_0 |\bar{v}_1|^2 \qquad (2.3.3.1)$$

② 運動量流束（Momentum flux）

$$\langle \rho v^2 \rangle_t = m_e n_0 |\bar{v}_1|^2 \qquad (2.3.3.2)$$

運動量流束が，単位面積あたりの推力に等しい．

③ エネルギー流束（Energy flux）

$$\langle p_e v \rangle_t = \mathrm{Re}[\bar{p}_e \bar{v}_1{}^*] = \mathrm{Re}[k_B \bar{n}_1 T_0 \bar{v}_1{}^*]$$

$$= \mathrm{Re}\left[k_B T_0 \frac{k}{\omega} n_0 \bar{v}_1 \bar{v}_1{}^*\right] = k_B n_0 T_0 \left(\frac{k}{\omega}\right) |\bar{v}_1|^2 \qquad (2.3.3.3)$$

以上より，運動量結合係数C_mは，

$$C_m \equiv \frac{\text{momentum flux}}{\text{energy flux}} = \frac{\langle \rho v^2 \rangle_t}{\langle p_e v \rangle_t} = \frac{m_e n_0 |\bar{v}_1|^2}{k_B n_0 T_0 \left(\frac{k}{\omega}\right) |\bar{v}_1|^2}$$

$$= \frac{\frac{\omega}{k}}{\frac{k_B T_0}{m_e}} = 2\frac{C_\mathrm{p}}{{C_\mathrm{T}}^2} \qquad (2.3.3.4)$$

まず，分母のC_Tは電子流体の温度だけで決まるので，波長や周波数に依存しない．分子の位相速度C_pについて，分散関係k-ω から，波数をk=0から次第に増加させると，位相速度C_pは無限大から次第に低下していく．k~0つまり$\omega \sim \omega_\mathrm{pe}$の長波では，群速度$C_\mathrm{g}$は小さいが，位相速度$C_\mathrm{p}$は大きく，$C_m$も大きくなる．一方，短波の高周波$\omega \gg \omega_\mathrm{pe}$の極限では$C_\mathrm{p} = C_T/\sqrt{2}$であったので，$C_m = \sqrt{2}/C_T$となる．つまり，$\sqrt{2}$のファクターを除けば，空気中音波と同様，$C_m$は温度だけの関数になってしまう．

2.3.4.　波源

電子プラズマ波を発して推進するためにメッシュ電極間に高周波電界を印加して波源とすることを考えよう．推力密度（単位面積あたりの推力）は運動量流束に等しいので$m_e n_0 |\bar{v}_1|^2$であるが，n_0はプラズマの電子密度で環境によって決まる．推力密度を大きくするには，$|\bar{v}_1|$を大きくする，つまり，波の振幅を大きくする必要がある．では，振幅は，波源のどのような条件によって決まるのか？
(2.3.2.8) 式から，波源の電極間に印加する高周波電場の大きさによって決まる．

$$|\bar{v}_1| = \frac{\varepsilon_0 \omega}{e n_0}|\bar{E}_1| = \frac{\varepsilon_0 \omega}{e n_0}\frac{V}{\delta} \qquad (2.3.3.5)$$

電極間距離を小さくし，高電圧化することが推力密度を高めるというのは，イオンエンジンと同じだが，イオンエンジンの推力密度にも技術的な限界があり，これを乗り越えようと，研究開発が進められている．電子プラズマ波推進の場合，推力密度の限界はどの程度になるのだろうか？詳細設計と実験が必要だ．

最後に，$\omega \sim \omega_{\mathrm{pe}}$ のの極限では，推力密度は $\varepsilon_0\ |\bar{E}_1|^2$ に等しくなる．これは，単位体積あたりの静電エネルギー（単位：$\mathrm{J/m^3 = Nm/m^3 = N/m^2}$）の2倍に等しくなる．つまり，推力密度を高めるには，波源における静電エネルギー密度を高くする方法が必要になる．

参考文献

川田重夫「プラズマ入門」(2016) 森北出版

第3章
量子光学推進

電磁波による推進には，(1) 光子推進（電磁波＝フォトンが持つ運動量を活用するもの：ソーラーセイルやレーザーセイルなどが代表．都木恭一郎先生は，2006年に，太陽電池などから得られた電力を使ってタングステンワイアを光らせる推進機を提案していた（参考：科研費萌芽研究「光圧を利用する次世代宇宙推進の研究」)），(2) 電磁波加熱推進（電磁波で推進剤を加熱し，熱・流体力学に基づく推力を発生させるもの：レーザー推進・マイクロ波推進など，いわゆる「ビーム推進」)，(3) 電磁波励起プラズマ波による粒子加速推進（いわゆる「レーザー加速器」の原理：プラズマにレーザーなどの電磁波が入ると，プラズマ波（磁場の有無やその強度とプラズマ密度との関係によって様々な種類のプラズマ波が生じる）が励起され，電子やイオンを電気的に加速する，プラズマ物理に基づくものであるが，航空宇宙推進への応用は，おそらく今までほとんど検討されていない）などが知られている．ここでは，これらとは異なる量子光学に基づく推進方法について考える．量子光学とは，原子の中に束縛されている電子と電磁波との相互作用を量子力学的に扱う．その応用としては，レーザー冷却や光ピンセットのような物理研究の実験手法が挙げられる．光ピンセットは，光によって原子に直接的に力を発生させるが，ここでは，レーザー光の光圧に加えて，双極子力を活用している．双極子力を計算するには，量子光学を理解する必要がある．さらに，Coherent Population Trapping（CPT）と併せて使うと，双極子力を，星間ガスの収集に用いる可能性が出てくる．流体力の発生という観点では，“Light-Induced Drift”という，気体中に光を照射することで流れを生じる現象も量子光学に基づく．力を発生させる以外にも，電磁波によるエネルギー伝送にも，新たな光を投げかける．大気中をレーザービームが伝播すると，大気の密度擾乱が，屈折率の擾乱となって，レーザービームを著しく歪めてしまう．これは，地上-宇宙間での光通信に大きな障壁となっているが，上記の量子光学的CPTを用いることで，光の伝播における屈折の効果をキャンセルできる可能性がある．また，反転分布を必要としないレーザー発振の方法（反転なしのレーザー発振，Lasing without inversion）も，量子光学から提案されている．これを使えば，太陽表面のプラズマを使ってレーザービームを作り出すことができるかもしれない．そんなことができれば，太陽プラズマから直接光の形で大きな電力を取り出すことができるし，レーザーセイルを駆動することができるかもしれない．

航空宇宙推進への応用については，これまでほとんど研究がない．前例がない＝ブルーオーシャンではある．新しい現象＝イノベーションの心意気で，まず量子光学を学んでみよう．

最初に，3.1節では，原子の中に束縛されている電子と電磁波の相互作用（つまり，光による電子準位の励起）を学ぶ．ここで量子力学の基礎的な方法を概観した後，次の3.2節で，原子が電磁波（光）から受ける力を計算する．2つの力（放射圧と双極子力）が導出される．放射圧とは，いわゆる光子の運動量である．原子は原子核と電子から構成されているが，光は電子としか相互作用しない．原子に束縛された電子が，光を吸収すると，光子の持っていたエネルギー（$h\nu$）の分だけ，電子のエネルギー準位が上がって，励起状態になると同時に，光子の持っていた運動量（$h\nu/c$）が原子に移される．（さもなくば，運動量保存が成り立たなくなる．）励起状態はずっと続くわけではなく，自然放出という現象によって，一定時間経つと，光を放出して，電子が元いた下準位に戻る．（ここでは，自然放出がどのようなメカニズムで発生するのかについては考えない．経験的に自然放出が発生し，精密な実験で，電子の励起後どれくらい時間が経ったら自然放出が起きるかは，かなり精密にわかっている，という前提を了解してもらいたい）このとき，光の放出される方向がランダムであるため，放出される光が原子から奪い去る運動量の方向がランダムになる．このため，一個の原子について見れば，光子の吸収と自然放出の結果として，ある特定の方向に合成された運動量を付与されるということになる．多数の原子を総合すると，原子は平均的に，光子の到来方向と同じ方向で，光子の運動量に等しい運動量を得ているということになる．このように，放射圧というのは比較的分かりやすい．古典的なモデルを作りやすい．

スタンフォード大学のグループは，双極子力を利用する大変斬新な光子推進のアイディアを提案している．レーザーセイルとは，地球近傍から送られたレーザービームの光子の運動量を使って推進力を得る．宇宙帆船が地球から遠く離れていくと，レーザー光の回折に伴って，帆船に到達できる光の量が減少する．そこで，スタンフォードのグループは，レーザーと粒子ビームのハイブリッドの方法を提案している．粒子ビームは，光の双極子力によってレーザービームの軸線上に収束される．一方，粒子ビームの密度分布は，レーザー光に対してレンズの役割を果たすことで，光のビームを収束させる．引用図を参照のこと．

双極子力は量子光学的な計算をしないと出てこない．双極子力は，光の強度分布が一様な状況では発生しない．大雑把にいうと，光の強度の勾配（∇）に比例した力である．これは，後で具体的に述べるように，原子の有する運動量（$\vec{p}$）を，量子化すると$\left(\frac{\hbar}{i}\nabla\right)$という空間勾配を含むことに起因する．双極子力は，マクロな（といっても，ナノやマイクロの領域で）誘電体をレーザー光で動かす「光ピンセット」で活用されており，古典力学的対応物が存在しているが，原子に作用する双極子力を計算するためには，量子光学を学ぶ必要があるし，原子内部の電子のエネルギー準位の構造に依存しており，それが故に，光のドップラー拡がり・シフトにより，原子の集団をレーザービームで集めようとするような時，大きな影響がある．3.3節では，CPTを学ぶ．CPTは推進・エネルギーの技術に大きく貢献する可能性があると考えている．

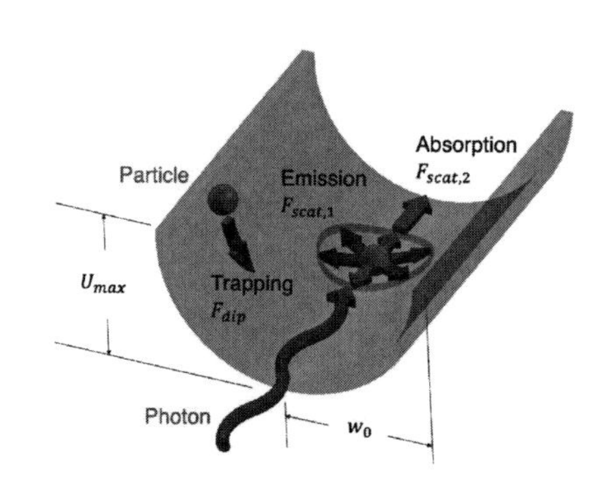

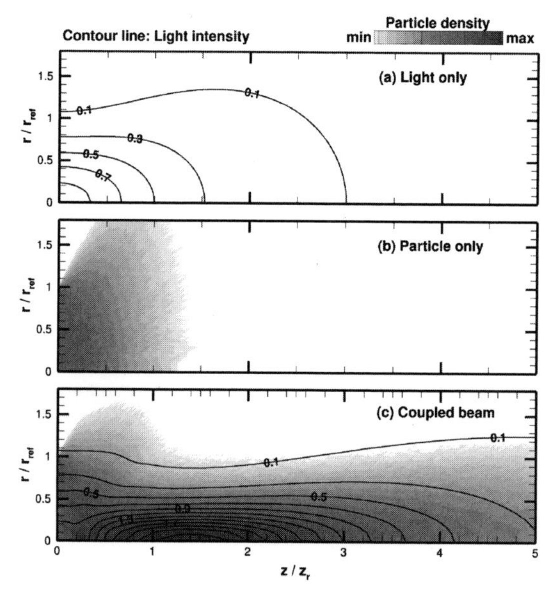

図3.1.1.1　恒星間レーザーセイル用レーザーと粒子ビームのハイブリッド伝送システム

引用：Castillo, A.M., Kumar, P., Limbach, C.M. et al. Mutually guided light and particle beam propagation. Sci Rep 12, 4810（2022）. Creative Commons Attribution 4.0 International Licenceにより図を転載.

3.1.　量子光学

3.1.1.　密度演算子の運動方程式（Blochの式）

$$\frac{d\hat{\rho}}{dt}=\frac{1}{i\hbar}[\hat{H},\hat{\rho}]+\left(\frac{d\hat{\rho}}{dt}\right)_{\mathrm{relax}} \tag{3.1.1.1}$$

ここで，$\hat{\rho}$：密度演算子，$\hat{H}$：ハミルトニアン，$\hbar$：プランク定数，i：虚数単位，括弧$[\hat{H},\hat{\rho}]\equiv\hat{H}\hat{\rho}-\hat{\rho}\hat{H}$ は交換関係である．右辺第2項$\left(\frac{d\hat{\rho}}{dt}\right)_{\mathrm{relax}}$は，自然放出と衝突による緩和を表し，現象論的に取り入れられたものである．記号の意味がわからないかもしれないが，以下，右辺第1項を導出しつつ，量子力学の基礎を概観しながら，記号の意味を理解していこう．出発点はシュレンディンガー方程式である．

〈シュレンディンガー（Schrödinger）方程式〉

$$i\hbar\frac{\partial\psi}{\partial t}=\hat{H}\psi \tag{3.1.1.2}$$

ここで，$\psi=\psi(\vec{r},t)$ は波動関数とか状態関数と呼ばれ，空間座標 $\vec{r}$ と時間tの関数である．この式から明らかなように，頭にハット^を付けた$\hat{H}$のような演算子は，ψに作用することが前提である．だから，演算子が，$\hat{A},\hat{B}$と二つあった場合，例えば，$\hat{B}\hat{A}\psi$ は，最初に$\hat{A}$がψ に作用して，その後$\hat{B}$が$\hat{A}\psi$ に作用する．このとき，$\hat{B}$は，$\hat{A}$に含まれていた変数にもψに含まれていた変数にも作用する．$\hat{A}\hat{B}\psi$ では作用の順序が逆になる．このため，$\hat{A}\hat{B}\psi$ と $\hat{B}\hat{A}\psi$ は一般的には等しくない．このため，交換関係$[\hat{A},\hat{B}]\equiv\hat{A}\hat{B}-\hat{B}\hat{A}$ はゼロにならない．これは，具体的な式を扱うときにより明確になる．

波動関数 $\psi(\vec{r},t)$ が，いくつかの固有状態 $\psi_j(\vec{r},t)$ $(j=1,2\ldots)$の線形和で表される場合を考える．

$$\psi(\vec{r},t)=\sum_j C_j\psi_j(\vec{r},t)=\sum_j c_j(t)\phi_j(\vec{r}) \tag{3.1.1.3}$$

ここで，$\psi_j(\vec{r},t)$：固有状態は，変数に時刻tを含んでいるが，$\phi_j(\vec{r})$：固有関数は時刻tを含まず，時不変の関数である．これに伴って，大文字の係数C_jは定数であるのに対して，小文字の$c_j(t)$は時間変化する．この小文字の$c_j(t)$の方を確率振幅と呼んだりする．以下では係数が大文字か小文字か注意したい．このように固有状態の線形和として波動関数が定義できる場合の典型例は2準位系である．電子1個に対して，2つのエネルギー準位がある．

$$\psi(\vec{r},t) = c_1(t)\phi_1(\vec{r}) + c_2(t)\phi_2(\vec{r}) \tag{3.1.1.4}$$

ここに，“1”は下準位，“2”は上準位を表し，$c_1(t), c_2(t)$はそれぞれの準位に電子が存在する確率を表している．光が入射すると，電子が1→2に励起されてc_1が減ってc_2が増えるという具合に変化する．

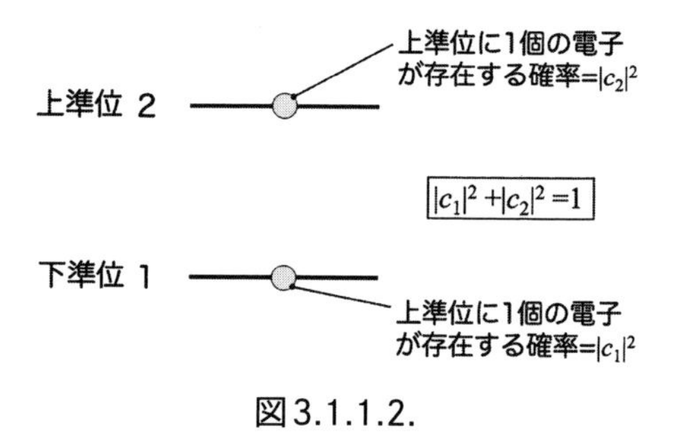

図3.1.1.2.

〈確率解釈〉

演算子になった物理量の期待値：

$$\langle \hat{A} \rangle = \int_{-\infty}^{\infty} dx \int_{-\infty}^{\infty} dy \int_{-\infty}^{\infty} dz \left(\psi^* \hat{A} \psi \right) \tag{3.1.1.5}$$

*は複素共役を表す．

〈ブラ・ケット〉

$$\psi(\vec{r},t)=\sum_j c_j(t)\phi_j(\vec{r}) \tag{3.1.1.6}$$

↓ ケット・ベクトル

$$|\psi\rangle=\sum_j c_j(t)|j\rangle \tag{3.1.1.7}$$

ケットベクトル表示された固有関数 $|j\rangle$ は基底とも呼ばれる．固有関数の線形和で任意のケットベクトル（波動関数）が表現されるとき，固有関数がその線形空間の基底になるからである．

期待値：

$$\langle\hat{A}\rangle=\int_{-\infty}^{\infty}dx\int_{-\infty}^{\infty}dy\int_{-\infty}^{\infty}dz\left(\psi^*\hat{A}\psi\right)$$

$$=\iiint_{-\infty}^{\infty}dxdydz\left(\sum_j c_j(t)\phi_j(\vec{r})\right)^*\hat{A}\left(\sum_i c_i(t)\phi_i(\vec{r})\right)$$

$$\rightarrow\langle\hat{A}\rangle=\sum_j\sum_i c_i c_j{}^*\iiint_{-\infty}^{\infty}dxdydz\left(\phi_j{}^*\hat{A}\phi_i\right) \tag{3.1.1.8}$$

ここで，

$$\iiint_{-\infty}^{\infty}dxdydz\left(\phi_j{}^*\hat{A}\phi_i\right)\equiv\langle j|\hat{A}|i\rangle\equiv A_{ji} \tag{3.1.1.9}$$

$$\rho_{ij}=c_i c_j{}^* \tag{3.1.1.10}$$

と置く．$\langle j|\hat{A}|i\rangle$ の $\langle j|$ はブラベクトルといい，ケットベクトルの転置・複素共役になっている．$\langle j|\equiv|j\rangle^\dagger\equiv\{|j\rangle^*\}^T$

転置・複素共役 † については，

$A^{\dagger}=A$　：エルミート（Hermite）

$A^{\dagger}=A^{-1}$：ユニタリ（Unitary）

がよく出てくる．A_{ji}は$\hat{A}$の成分という．確率振幅を行列化したρ_{ij}は密度行列と呼ばれ，先に書いた密度演算子 $\hat{\rho}$ の成分となる．

$$\langle \hat{A} \rangle = \sum_{i,j} \rho_{ij} A_{ji} \tag{3.1.1.11}$$

〈密度演算子〉

密度演算子は，任意の状態関数のブラケット表示を用いて，次のように定義される．

$$\hat{\rho} \equiv |\psi\rangle\langle\psi| \tag{3.1.1.12}$$

密度演算子の成分（＝密度行列）は，以下のように定義され，

$$\rho_{ij} \equiv \langle i|\hat{\rho}|j\rangle \tag{3.1.1.13}$$

$$\rightarrow \rho_{ij} = \langle i|\psi\rangle\langle\psi|j\rangle \tag{3.1.1.14}$$

$$\rightarrow \rho_{ij} = \langle i| \sum_{k} c_k |k\rangle \sum_{l} c_l{}^{*} \langle l|\, j\rangle = c_i c_j{}^{*} \tag{3.1.1.15}$$

ただし，基底 $|k\rangle$ は正規直交基底であると仮定している．つまり，$\langle i|j\rangle = \delta_{ij}$

密度演算子は，任意の演算子の期待値を求めるときにも現れる．ここで，閉包の定理：

$$\sum_{i} |i\rangle\langle i| = \boldsymbol{I} \tag{3.1.1.16}$$

（ただしIは恒等行列）という式を用いる．

運動量演算子 $\hat{\rho}$ の期待値を求めてみよう．

$$\langle \hat{p} \rangle = \langle \psi | \hat{p} | \psi \rangle = \langle \psi | \boldsymbol{I} \hat{p} \boldsymbol{I} | \psi \rangle = \left\langle \psi \middle| \sum_i |i\rangle\langle i| \, \hat{p} \sum_j |j\rangle\langle j| \, \middle| \psi \right\rangle$$

$$= \sum_{i,j} \langle \psi | i \rangle \, \langle i | \hat{p} | j \rangle \langle j | \psi \rangle \ = \sum_{i,j} \langle j | \psi \rangle \langle \psi | i \rangle \langle i | \hat{p} | j \rangle$$

$$= \sum_{i\,j} \langle j | \hat{\rho} | i \rangle \langle i | \hat{p} | j \rangle = \sum_{i\,j} \rho_{ji} p_{ij} \tag{3.1.1.17}$$

〈密度演算子の運動方程式〉

$$\frac{d\hat{\rho}}{dt} = \frac{1}{i\hbar}\left[\hat{H}, \hat{\rho}\right] \tag{3.1.1.18}$$

この式を導出しよう．

$$\hat{\rho} \equiv |\psi\rangle\langle\psi| \tag{3.1.1.19}$$

シュレディンガー方程式より

$$i\hbar\frac{\partial\psi}{\partial t} = \hat{H}\psi \tag{3.1.1.20}$$

ブラケット表示にて

$$i\hbar\frac{\partial}{\partial t}|\psi\rangle = \hat{H}|\psi\rangle \tag{3.1.1.21}$$

転置・複素共役をとって

$$-i\hbar\frac{\partial}{\partial t}\langle\psi| = \langle\psi|\hat{H}^{\dagger} \tag{3.1.1.22}$$

密度演算子を時間微分すると，

$$\frac{\partial\hat{\rho}}{\partial t} \equiv \frac{\partial|\psi\rangle\langle\psi|}{\partial t} = \frac{\partial|\psi\rangle}{\partial t}\langle\psi| + |\psi\rangle\frac{\partial\langle\psi|}{\partial t} \tag{3.1.1.23}$$

シュレディンガー方程式を代入して，

$$\frac{\partial\hat{\rho}}{\partial t}=\frac{1}{i\hbar}\hat{H}|\psi\rangle\langle\psi|-\frac{1}{i\hbar}|\psi\rangle\langle\psi|\hat{H}^{\dagger}=\frac{1}{i\hbar}\left(\hat{H}|\psi\rangle\langle\psi|-|\psi\rangle\langle\psi|\hat{H}^{\dagger}\right)$$

$$=\frac{1}{i\hbar}\left(\hat{H}\hat{\rho}-\hat{\rho}\hat{H}^{\dagger}\right) \tag{3.1.1.24}$$

ここで，ハミルトニアン$\hat{H}$は可観測量であり，ヘルミートなので，$\hat{H}=\hat{H}^{\dagger}$

$$\frac{\partial\hat{\rho}}{\partial t}=\frac{1}{i\hbar}\left(\hat{H}\hat{\rho}-\hat{\rho}\hat{H}\right)=\frac{1}{i\hbar}\left[\hat{H},\hat{\rho}\right] \tag{3.1.1.25}$$

3.1.2. 量子光学のハミルトニアン

量子光学では，ハミルトニアン$\hat{H}$として，原子のハミルトニアン$\hat{H}_A$，原子中の束縛電子と光の相互作用ハミルトニアン$\hat{H}_{AL}$の和を用いる．

〈原子のハミルトニアン〉

原子のハミルトニアン$\hat{H}_A$は次のように定義する：

$$\hat{H}_A=\sum_i E_i|i\rangle\langle i|+\frac{|\hat{p}_{CG}|^2}{2M_{CG}} \tag{3.1.2.1}$$

原子は，原子核と束縛電子から構成されているが，右辺第1項$\sum_i E_i|i\rangle\langle i|$は原子に束縛された電子に対するもので，$E_i$は$i$番目の準位のエネルギーを表す．これは，電子の状態関数に作用する演算子であることに注意されたい．一方，右辺第2項$\frac{|\hat{p}_{CG}|^2}{2M_{CG}}$は，原子の重心運動に対するものであり，原子の重心運動の状態関数に作用するもので，原子中の束縛電子の状態関数には作用しない．このように$\hat{H}_A$は，電子の状態関数ψ_{CG}に作用する演算子（右辺第1項）と重心運動の状態関数ψ_{CG}に作用する演算子（右辺第2項）の和であるため，状態関数ベクトルとしては$|\psi_e,\psi_{CG}\rangle$のように表記することがある．これに$\hat{H}_A$を作用させると，$\hat{H}_A|\psi_e,\psi_{CG}\rangle$のように書かれる．

以下に光と電子の相互作用を考えるが，光は電子のエネルギー準位間を移動させる．原子の重心運動に対して光は力を作用させ，これが本章の大きなテーマの一つなのであるが，これは，後述するように，光-電子間の相互作用の結果として間接的に発生するものであるため，右辺第2項は当面無視する．

〈相互作用ハミルトニアン〉

相互作用ハミルトニアン$\hat{H}_{AL}$の出発点は，古典電磁気学における双極子のエネルギー：

$$H_{AL} = (-e)\,\vec{r} \cdot \vec{E} \tag{3.1.2.2}$$

ここでは電子一個に注目しており，原子核の中心を原点とする電子の座標を$\vec{r}$，外部から印加される電場を$\vec{E}$とそれぞれベクトルで置き，その内積をとって電子の電荷(-e)をかける．これを形式的に量子化すると，以下のようにまんまになる．

$$\hat{H}_{AL} = (-e)\,\hat{\boldsymbol{r}} \cdot \hat{\boldsymbol{E}} \tag{3.1.2.3}$$

演算子を表すハットをつけたので，ベクトルであることを表すために，太字にした．

量子論では最初に，$\hat{\boldsymbol{r}}$=$\vec{r}$という置き換えを学ぶのであるが，電子のエネルギー準位$|i\rangle$を基底とする量子化の手続きにおいては，$|i\rangle$や$\langle i|$に作用する演算子になるように，以下のような置き換えをする．

$$\hat{\boldsymbol{r}} = \vec{r} = \boldsymbol{I}\vec{r}\boldsymbol{I} \tag{3.1.2.4}$$

Iは恒等演算子であり，ここで平方の定理を使うことで，以下のように表現できる．

$$\hat{\boldsymbol{r}} = \left\{\sum_j |j\rangle\langle j|\right\}\vec{r}\left\{\sum_k |k\rangle\langle k|\right\} = \sum_j \sum_k |j\rangle\langle j|\vec{r}|k\rangle\langle k| \tag{3.1.2.5}$$

このとき，$\langle j|\vec{r}|k\rangle$ を元の積分表示で表すと，

$$\langle j|\vec{r}|k\rangle = \iiint d^3\vec{r}\left(\phi_j{}^*\vec{r}\phi_k\right) = \boldsymbol{r}_{jk} \tag{3.1.2.6}$$

ここで，固有関数 $\boldsymbol{\phi_k}(\vec{r})$ が原子核中の電子のように点対称とみなせるような場合，$\phi_k{}^*\,\phi_k=|\phi_k|^2$ は偶関数となり，一方，$\vec{r}$ は奇関数であるため，被積分関数は奇関数になるため，これを体積積分するとゼロになる．つまり，r_{kk} のような r_{jk} の対角成分はゼロとなり，非対角成分 r_{jk} $(j{\neq}k)$ のみが非ゼロの値を取る．また，r_{jk} はベクトルであり，その成分は一般に複素数となることに注意が必要である．つまり，

$$\boldsymbol{r}_{jk} = \left|\boldsymbol{r}_{jk}\right| e^{i\boldsymbol{\phi}_r} \tag{3.1.2.7}$$

ここで，$|r_{jk}|$ はベクトルの絶対値（ノルム・大きさ）を表すのでなく，ベクトルの複素成分の絶対値を表す．複素数の位相成分が ϕ_r と表しているが，今のところその中身は気にしなくて良い．r_{jk} が複素数ベクトルになるのは，量子化に伴って $|j\rangle\langle j|$ のような固有関数が入ってきたことによる．

量子光学の半古典論では，外部から印加される電場 $\widehat{\boldsymbol{E}}$ については，古典のまま，以下のように置く：

$$\widehat{\boldsymbol{E}} = \boldsymbol{E_0}\cos\left(\vec{\boldsymbol{k}}\cdot\vec{\boldsymbol{r}} - \omega t\right) = \frac{1}{2}\boldsymbol{E_0}\left(e^{i\phi_l} + e^{-i\phi_l}\right) \tag{3.1.2.8}$$

ただし，$\boldsymbol{\phi_l} \equiv \vec{\boldsymbol{k}}\cdot\vec{\boldsymbol{r}} - \omega t$ ．

〈回転波近似〉

相互作用ハミルトンについては，これで終わりではなく，もう一つ近似を加える．これを回転波近似と呼ぶ．具体的に2準位系の例について説明する．

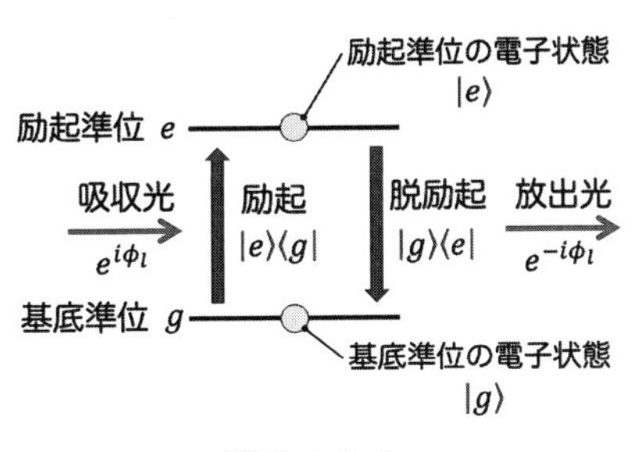

図3.1.2.1.

上図のように，上準位e（excited），下準位g（ground）だけからなる2準位系を考える．このとき，電子の位置座標の演算子 $\hat{\boldsymbol{r}}$ は非対角成分のみが残るので以下のように表せる．

$$\hat{\boldsymbol{r}} = |e\rangle\langle e|\vec{r}|g\rangle\langle g| + |g\rangle\langle g|\vec{r}|e\rangle\langle e| = \boldsymbol{r}_{eg}|e\rangle\langle g| + \boldsymbol{r}_{ge}|g\rangle\langle e| \quad (3.1.2.9)$$

このとき，相互作用ハミルトニアンは，

$$\begin{aligned}\hat{H}_{AL} &= (-e)\,\hat{\boldsymbol{r}}\cdot\hat{\boldsymbol{E}} \\ &= (-e)\big(\boldsymbol{r}_{eg}|e\rangle\langle g| + \boldsymbol{r}_{ge}|g\rangle\langle e|\big)\frac{1}{2}\boldsymbol{E}_0\big(\boldsymbol{e}^{i\phi_l} + \boldsymbol{e}^{-i\phi_l}\big) \end{aligned} \quad (3.1.2.10)$$

( ) を展開すると $\hat{H}_{AL}$ は以下の4つの項A,B,C,Dの和として表される．

$$A = \boldsymbol{r}_{eg}|e\rangle\langle g|\boldsymbol{e}^{i\phi_l}\frac{-e}{2}\boldsymbol{E}_0 \quad (3.1.2.11)$$

$$B = \boldsymbol{r}_{eg}|e\rangle\langle g|\boldsymbol{e}^{-i\phi_l}\frac{-e}{2}\boldsymbol{E}_0 \quad (3.1.2.12)$$

$$C = \boldsymbol{r}_{ge}|g\rangle\langle e|\boldsymbol{e}^{i\phi_l}\frac{-e}{2}\boldsymbol{E}_0 \quad (3.1.2.13)$$

$$D = \boldsymbol{r}_{ge}|g\rangle\langle e|\boldsymbol{e}^{-i\phi_l}\frac{-e}{2}\boldsymbol{E}_0 \quad (3.1.2.14)$$

ここで，回転波近似とは，AとDの2項だけを使い，BとCの2項は無視するというものである．その妥当性は，以下の2通りに説明されている．

理由1：

AおよびBの項を見ると，電子のエネルギー準位の遷移を表す演算子$|e\rangle\langle g|$は，基底状態$|g\rangle$に採用して，励起状態$|e\rangle$に遷移させる．これは物理的に考えると，電子が光子を吸収することによって実現する．一方，今回用いた半古典論では光については量子化していないせいで，光の電場に付随する$e^{-i\phi_l}$の意味は不明なのだが，光電場についても量子化した，いわば「フル量子光学」でも，同様の項が導出され，これによると，$e^{-i\phi_l}$光の放出を表し，一方，$e^{i\phi_l}$は光の吸収を表す．つまり，Aについては，光の吸収$e^{i\phi l}$と電子のエネルギー準位の励起$|e\rangle\langle g|$がセットになっていて，物理的に正しいが，Bは，光の放出$e^{-i\phi_l}$と電子のエネルギー準位の励起$|e\rangle\langle g|$がセットになっていて，これは物理的に起こりえない．C vs Dの比較についても，同様ことが言える．

理由2：

ここまではまだハミルトニアンを導出している段階であるが，これを使って電子のエネルギー準位の遷移についてレート方程式を解く．このとき，調和解を仮定するのだが，AとDの2項は位相の時間変化項が打ち消されるが，BとCは高周波に変化する項をもたらす．高周波項は，定常状態で時間平均を取ると結局消えるので，ハミルトニアンの時点で先に消してしまう．

〈ラビ（Rabi）周波数〉

以下の式変形で便利なので，g_{jk}を以下のように定義する．

$$\hbar g_{jk} \equiv \frac{-e}{2} \boldsymbol{r}_{jk} \cdot \boldsymbol{E_0} \tag{3.1.2.15}$$

ここで，r_{jk}は一般に複素数であるが，半古典論ではE_0は実数のままである．故にg_{jk}は複素数である．次に，以下に定義されるラビ周波数はほとんど全ての量子光学の教科書に登場する：

$$\Omega_R \equiv \frac{e}{\hbar}\left|\boldsymbol{r}_{eg}\right| \cdot \boldsymbol{E_0} \tag{3.1.2.16}$$

ラビ周波数は実数である．ここで，$|r_{eg}|$は複素数の絶対値であり，ベクトルの各成分の複素数に対して絶対値を取ったものとして定義されることは既に注意した．

$$\boldsymbol{r}_{eg} = \left|\boldsymbol{r}_{eg}\right| \boldsymbol{e^{i\phi_r}} \tag{3.1.2.17}$$

よって，g_{jk}は以下のように書ける．

$$g_{jk} \equiv \frac{-e}{2\hbar}\boldsymbol{r}_{jk} \cdot \boldsymbol{E_0} = \frac{-e}{2\hbar}\left(\left|\boldsymbol{r}_{eg}\right| \cdot \boldsymbol{E_0}\right)\boldsymbol{e^{i\phi_r}} \tag{3.1.2.18}$$

また，ラビ周波数を用いて以下のようにも書ける．

$$g_{eg} = -\frac{1}{2}\Omega_R \boldsymbol{e^{i\phi_r}} \tag{3.1.2.19}$$

ここで，r_{jk}の定義に立ち返って考えると，

$$\boldsymbol{r}_{eg} \equiv \iiint d^3\vec{r}\left(\phi_e{}^*\vec{r}\phi_g\right) \tag{3.1.2.20}$$

$$\boldsymbol{r}_{ge} \equiv \iiint d^3\vec{r}\left(\phi_g{}^*\vec{r}\phi_e\right) \tag{3.1.2.21}$$

$$\therefore \boldsymbol{r}_{eg}{}^* = \iiint d^3\vec{r}\left(\phi_e\vec{r}\phi_g{}^*\right) = \iiint d^3\vec{r}\left(\phi_g{}^*\vec{r}\phi_e\right) = \boldsymbol{r}_{ge} \tag{3.1.2.22}$$

ただし，$\vec{r}$は古典的な電子の座標であるから，実数である．同様に，

$$\boldsymbol{r}_{ge}{}^* = \boldsymbol{r}_{eg} \tag{3.1.2.23}$$

つまり，r_{eg}とr_{ge}は互いに複素共役である．同様に，g_{eg}とg_{ge}も互いに複素共役である．

$$g_{ge}{}^* = g_{eg}, g_{eg}{}^* = g_{ge} \tag{3.1.2.24}$$

以上のことから，

$$\hat{H}_{AL} = \hbar\{g_{eg}\boldsymbol{e}^{\boldsymbol{i\phi_l}}|e\rangle\langle g| + g_{ge}\boldsymbol{e}^{-\boldsymbol{i\phi_l}}|g\rangle\langle e|\} \tag{3.1.2.25}$$

$$\rightarrow \hat{H}_{AL} = \hbar\{g_{eg}\boldsymbol{e}^{\boldsymbol{i\phi_l}}|e\rangle\langle g| + g^*_{eg}\boldsymbol{e}^{-\boldsymbol{i\phi_l}}|g\rangle\langle e|\} \tag{3.1.2.26}$$

$$\rightarrow \hat{H}_{AL} = -\frac{\hbar\Omega_R}{2}\{\boldsymbol{e}^{\boldsymbol{i(\phi_r+\phi_l)}}|e\rangle\langle g| + \boldsymbol{e}^{-\boldsymbol{i(\phi_r+\phi_l)}}|g\rangle\langle e|\} \tag{3.1.2.27}$$

この第一項と第二項は互いにエルミート共役（複素・転置）になっている.

3.1.3.　緩和：自然放出・衝突

〈自然放出（spontaneous emission)〉

ここまでの議論では自然放出は含まれていない．自然放出とは，励起準位（e）にある電子が脱励起する（e→g）ことで，光を放出する．自然放出のレートは，励起準位のpopulationに比例する．その比例係数Γは，自然放出光スペクトルの半値全幅に等しい．自然放出の効果は，密度演算子の対角成分および非対角成分のそれぞれに，以下のような式を追加することで実現する．

$$(\dot{\rho}_{ee})_{\mathrm{spontaneous}} = -\Gamma\rho_{ee} \tag{3.1.3.1}$$

$$(\dot{\rho}_{eg})_{\mathrm{spontaneous}} = -\frac{\Gamma}{2}\rho_{eg} \tag{3.1.3.2}$$

ここでは，形式的に式を与えるだけにする．これらの式の意味は，密度行列ρ_{ij}と各準位に電子が存在する確率の大きさとの関係を考えれば自明である．自然放出光スペクトルの半値全幅Γは原子の分光データに与えられているので，データベースを参照することによって計算が可能になる．

〈弾性衝突（elastic collision)〉

弾性衝突では，電子のエネルギー準位間の遷移は起こらない．各準位における電子の存在確率の大きさは変化しないのであるが，位相ϕ_rが乱れる．これもどうしてそうなるのか，については，量子化学の専門書を勉強する必要がある．（I.I. Sobelman, L.A. Vainshtein, E.A. Yukov, “Excitation of Atoms and Broadening of Spectral Lines,” Springer series in Chemical Physics 7, Berlin, 1980.）ここでは，ひとまず，形式的に非対角成分に減衰係数が付与される，とだけ述べておく：

$$\dot{\rho}_{ij} = -\gamma\rho_{ij}\ (i \neq j) \tag{3.1.3.3}$$

このようなモデル化は，E. Arimondo, Coherent Population Trapping in laser spectroscopy, Progress in Optics, Vol.35, 257-354, 1996. に基づいており，後述するCoherent Population Trapping（CPT）の基本式になる．

希薄気体の場合，衝突の項は無視できるが，自然放出は無視できない．

3.1.4.　レート方程式の具体系の導出Ⅰ（2準位系）

ここまでに導入した事柄を使って，以下の2準位系レート方程式を導出しよう．

e-e

$$\dot{\rho}_{ee} = \frac{1}{i\hbar}\left(X^*\rho_{eg} - X\rho_{ge}\right) - \Gamma\rho_{ee} \tag{3.1.4.1}$$

e-g

$$\dot{\rho}_{eg} = \frac{1}{i\hbar}\left\{\hbar\omega_{eg}\rho_{eg} - X\left(\rho_{gg} - \rho_{ee}\right)\right\} - \frac{\Gamma}{2}\rho_{eg} \tag{3.1.4.2}$$

ここで，$\hbar\omega_{eg}$は，

$$\hbar\omega_{eg} = \hbar\omega_e - \hbar\omega_g = E_e - E_g \tag{3.1.4.3}$$

励起準位のエネルギーE_eと基底準位のエネルギーE_gの差に等しい．（注意：基底準位のエネルギーE_gは0にする場合が多いが，以下で多準位系に拡張する際の便利のために，E_gという変数を割り当てておく．）

$$X \equiv \frac{1}{2}\hbar\Omega_R e^{i(\phi_r+\phi_l)} \tag{3.1.4.4}$$

$$\rho_{eg}{}^* = \rho_{ge} \tag{3.1.4.5}$$

$$\rho_{ee} + \rho_{gg} = 1 \tag{3.1.4.6}$$

ここで緩和項としては自然放出のみを仮定し，衝突は無視できるものとしている．

この式を導出しよう．

〈式の導出〉

出発点は，3.1.1節で説明した密度演算子の運動方程式（Blochの式，レート方程式）：

$$\frac{d\hat{\rho}}{dt} = \frac{1}{i\hbar}\left[\hat{H},\hat{\rho}\right] + \left(\frac{d\hat{\rho}}{dt}\right)_{\mathrm{relax}} \tag{3.1.4.7}$$

成分を求めるために，左から$\langle i|$右から$|j\rangle$を作用させる．

注1：

任意の演算子$\hat{A}$の「左から$\langle i|$右から$|j\rangle$を作用させる」というのは，

$$\langle i|\hat{A}|j\rangle = A_{ij} = \iiint d^3\vec{r}\left(\phi_i{}^*\hat{A}\phi_j\right) \tag{3.1.4.8}$$

という体積積分を求めるのと同じことであった．

$$\langle i|\frac{d\hat{\rho}}{dt}|j\rangle = \frac{1}{i\hbar}\langle i|\left[\hat{H},\hat{\rho}\right]|j\rangle + \langle i|\left(\frac{d\hat{\rho}}{dt}\right)_{\mathrm{relax}}|j\rangle \tag{3.1.4.9}$$

$$\rightarrow \dot{\rho}_{ij} = \frac{1}{i\hbar}\langle i|\left[\hat{H},\hat{\rho}\right]|j\rangle + \left(\dot{\rho}_{ij}\right)_{\mathrm{relax}} \tag{3.1.4.10}$$

注2：

たとえばρ_{ee} 上準位（e）に電子が存在する確率の期待値，つまり，多数の原子が同じように光電場の作用下にある場合には，光電場によって電子のエネルギー準位が励起された原子の個数の割合（population）に等しい．このように対角成分は，電子の存在確率で，実数であるが，非対角成分は，異なる状態にある確率振幅の積になっていて，物理的な解釈は直接的にはできない．

右辺第一項を展開する．まずハミルトニアン：

$$\hat{H} = \hat{H}_A + \hat{H}_{AL} z \tag{3.1.4.11}$$

ただし，原子の並進運動は無視し，2準位系を考えるので，原子のハミルトニアンは次のようになる．

$$\hat{H}_A = \sum_i E_i |i\rangle\langle i| = \hbar\omega_e |e\rangle\langle e| + \hbar\omega_g |g\rangle\langle g| \tag{3.1.4.12}$$

$$\hat{H}_{AL} = -\frac{\hbar\Omega_R}{2}\left\{ e^{i(\phi_r+\phi_l)} |e\rangle\langle g| + e^{-i(\phi_r+\phi_l)} |g\rangle\langle e| \right\} \tag{3.1.4.13}$$

$$\rightarrow \hat{H}_{AL} = -X|e\rangle\langle g| - X^*|g\rangle\langle e|$$

$$\left(\because X \equiv \frac{1}{2}\hbar\Omega_R e^{i(\phi_r+\phi_l)}\right) \tag{3.1.4.14}$$

$$\rightarrow \hat{H} = \hbar\omega_e|e\rangle\langle e| + \hbar\omega_g|g\rangle\langle g| - X|e\rangle\langle g| - X^*|g\rangle\langle e| \tag{3.1.4.15}$$

<u>e - e</u>

$$\langle e|[\hat{H},\hat{\rho}]|e\rangle = \langle e|\hat{H}\hat{\rho}|e\rangle - \langle e|\hat{\rho}\hat{H}|e\rangle \tag{3.1.4.16}$$

$$\rightarrow \langle e|[\hat{H},\hat{\rho}]|e\rangle = \langle e|\{(\hbar\omega_e|e\rangle\langle e| + \hbar\omega_g|g\rangle\langle g| - X|e\rangle\langle g| - X^*|g\rangle\langle e|)\hat{\rho}\}|e\rangle$$

$$- \langle e|\{\hat{\rho}(\hbar\omega_e|e\rangle\langle e| + \hbar\omega_g|g\rangle\langle g| - X|e\rangle\langle g| - X^*|g\rangle\langle e|)\}|e\rangle$$

$$= \hbar\omega_e\langle e||e\rangle\langle e|\hat{\rho}|e\rangle + \hbar\omega_g\cancel{\langle e||g\rangle}\langle g|\hat{\rho}|e\rangle - X\langle e||e\rangle\langle g|\hat{\rho}|e\rangle - X^*\cancel{\langle e||g\rangle}\langle e|\hat{\rho}|e\rangle$$

$$- \left(\hbar\omega_e\langle e|\hat{\rho}|e\rangle\langle e||e\rangle + \hbar\omega_g\langle e|\hat{\rho}|g\rangle\cancel{\langle g||e\rangle} - X\langle e|\hat{\rho}|e\rangle\cancel{\langle g||e\rangle} - X^*\langle e|\hat{\rho}|g\rangle\langle e||e\rangle\right)$$

$$= \hbar\omega_e\langle e|\hat{\rho}|e\rangle - X\langle g|\hat{\rho}|e\rangle - \hbar\omega_e\langle e|\hat{\rho}|e\rangle + X^*\langle e|\hat{\rho}|g\rangle$$

ここで，状態ベクトルは正規直交基底を成すと仮定し，以下の式を使った.

$$\langle e||e\rangle = \langle g||g\rangle = 1, \langle e||g\rangle = \langle g||e\rangle = 0$$

ゆえに，

$$\begin{aligned}\langle e|[\hat{H},\hat{\rho}]|e\rangle &= \hbar\omega_e\rho_{ee} - X\rho_{ge} - \hbar\omega_e\rho_{ee} + X^*\rho_{eg} \\ &= -X\rho_{ge} + X^*\rho_{eg}\end{aligned} \quad (3.1.4.17)$$

<u>e - g</u>

全く同様に式変形ができる.

$$\begin{aligned}&\langle e|[\hat{H},\hat{\rho}]|g\rangle \\ &= \langle e|\{(\hbar\omega_e|e\rangle\langle e| + \hbar\omega_g|g\rangle\langle g| - X|e\rangle\langle g| - X^*|g\rangle\langle e|)\hat{\rho}\}|g\rangle \\ &- \langle e|\{\hat{\rho}(\hbar\omega_e|e\rangle\langle e| + \hbar\omega_g|g\rangle\langle g| - X|e\rangle\langle g| - X^*|g\rangle\langle e|)\}|g\rangle \\ &= \hbar\omega_e\langle e||e\rangle\langle e|\hat{\rho}|g\rangle + \hbar\omega_g\cancel{\langle e||g\rangle}\langle g|\hat{\rho}|g\rangle - X\langle e||e\rangle\langle g|\hat{\rho}|g\rangle - X^*\cancel{\langle e||g\rangle}\langle e|\hat{\rho}|g\rangle \\ &- (\hbar\omega_e\langle e|\hat{\rho}|e\rangle\cancel{\langle e||g\rangle} + \hbar\omega_g\langle e|\hat{\rho}|g\rangle\langle g||g\rangle - X\langle e|\hat{\rho}|e\rangle\langle g||g\rangle - X^*\langle e|\hat{\rho}|g\rangle\langle e||g\rangle) \\ &= \hbar\omega_e\rho_{eg} - X\rho_{gg} - \hbar\omega_g\rho_{eg} + X\rho_{ee}\end{aligned} \quad (3.1.4.18)$$

$$\begin{aligned}\to \langle e|[\hat{H},\hat{\rho}]|g\rangle &= \hbar(\omega_e - \omega_g)\rho_{eg} - X(\rho_{gg} - \rho_{ee}) \\ &= \hbar\omega_{eg}\rho_{eg} - X(\rho_{gg} - \rho_{ee})\end{aligned}$$

（証明終わり）

（演習問題：レート方程式の解からわかるスペクトルについて議論しよう.）

3.2.　原子が電磁波より受ける力

3.2.1.　基礎式の導出

原子が光から受ける力は，運動量の期待値の時間変化として計算できる．

$$\vec{F} = \frac{d}{dt}\langle\hat{\boldsymbol{p}}\rangle \tag{3.2.1.1}$$

この式は古典力学のニュートン方程式そのものである．期待値とは，以下のようにも表せた．

$$\vec{F} = \frac{d}{dt}\langle\psi|\hat{\boldsymbol{p}}|\psi\rangle \tag{3.2.1.2}$$

運動量演算子 $\hat{\boldsymbol{p}}$ の時間変化は，Heisenberg方程式で記述される．（これはSchrödinger方程式と同じだが，演算子を扱う場合はHeisenbergの方が都合が良い．Schrödinger形式では，演算子 $\hat{\boldsymbol{p}}$ は時不変で，時間依存性は状態関数 $\psi = \psi(\vec{r}, t)$ が受け持つが，Heisenberg形式では，演算子 $\hat{\boldsymbol{p}} = \hat{\boldsymbol{p}}(\vec{r}, t)$ が時間依存になるが，状態関数 $\psi = \psi(\vec{r})$ は時不変になる．詳しくは，量子力学，量子光学の教科書を当たる必要があるが，ひとまず気にしない．）

$$i\hbar\frac{d}{dt}\hat{\boldsymbol{p}} = [\hat{\boldsymbol{p}}, \hat{H}] \tag{3.2.1.3}$$

これは先述の密度演算子の運動方程式と似ているが，符号が違う．

$$\vec{F} = \frac{1}{i\hbar}\langle\psi|[\hat{\boldsymbol{p}}, \hat{H}]|\psi\rangle \tag{3.2.1.4}$$

<u>Hamiltonian $\hat{H}$</u>

$$\hat{H} = \hat{H}_A + \hat{H}_{AL} \tag{3.2.1.5}$$

ここで，$\hat{H}_A$ については，先ほどは無視した原子の重心運動を追加する．

$$\hat{H}_A = \hbar\omega_e|e\rangle\langle e| + \hbar\omega_g|g\rangle\langle g| + \frac{\hat{\boldsymbol{p}}^2}{2M} \tag{3.2.1.6}$$

第1項，第2項は，原子内部の電子の状態を表しており，先ほどから引き続き，2準位モデルに限定しよう．第3項は，原子の重心運動に伴うものである．この新しい$\hat{H}_A$は，電子の状態関数ψ_eと重心運動の状態関数ψ_{CG}を並べた$|\psi_e, \psi_{CG}\rangle$という状態関数に作用するのだが，第1,2項 は$\psi_e$に作用するが，$\psi_{CG}$には作用しない．逆に，第3項は，$\psi_{CG}$にしか作用せず，$\psi_e$には作用しない．とはいえ，このことは，ここでは大きな問題ではない．Heisenberg形式で話を進めるから，$[\hat{\boldsymbol{p}}, \hat{H}] = [\hat{\boldsymbol{p}}, \hat{H}_A + \hat{H}_{AL}] = [\hat{\boldsymbol{p}}, \hat{H}_A] + [\hat{\boldsymbol{p}}, \hat{H}_{AL}]$が重要である．ここでまず，$[\hat{\boldsymbol{p}}, \hat{H}_A]$=$\left[\hat{\boldsymbol{p}}, \hbar\omega_e|e\rangle\langle e| + \hbar\omega_g|g\rangle\langle g| + \frac{\hat{\boldsymbol{p}}^2}{2M}\right]$を見ると，$\hat{\boldsymbol{p}}$は $\hbar\omega_e|e\rangle\langle e| + \hbar\omega_g|g\rangle\langle g|$ には作用せず，$\frac{\hat{\boldsymbol{p}}^2}{2M}$ だけに作用する．このため，$[\hat{\boldsymbol{p}}, \hat{H}_A]$=$\left[\hat{\boldsymbol{p}}, \frac{\hat{\boldsymbol{p}}^2}{2M}\right]$であるが，実は，$[\hat{\boldsymbol{p}}, \hat{\boldsymbol{p}}^2] = 0$ であるため，結局，$[\hat{\boldsymbol{p}}, \hat{H}_A] = 0$ となる．よって，以下の式が導かれる．

$$[\hat{\boldsymbol{p}}, \hat{H}] = [\hat{\boldsymbol{p}}, \hat{H}_{AL}] = \left[\frac{\hbar}{i}\nabla, \hat{H}_{AL}\right] \tag{3.2.1.7}$$

これは演算子であることを意識して，重心運動の状態関数$|\psi_{CG}\rangle$が右から作用することを意識して，次のように書こう．

$$\left[\frac{\hbar}{i}\nabla, \hat{H}_{AL}\right]|\psi_{CG}\rangle = \frac{\hbar}{i}\{\nabla(\hat{H}_{AL}|\psi_{CG}\rangle) - \hat{H}_{AL}(\nabla|\psi_{CG}\rangle)\} \tag{3.2.1.8}$$

$$\to \left[\frac{\hbar}{i}\nabla, \hat{H}_{AL}\right]|\psi_{CG}\rangle = \frac{\hbar}{i}\{(\nabla\hat{H}_{AL})|\psi_{CG}\rangle + \hat{H}_{AL}(\nabla|\psi_{CG}\rangle) - \hat{H}_{AL}(\nabla|\psi_{CG}\rangle)\} \tag{3.2.1.9}$$

$$\to \left[\frac{\hbar}{i}\nabla, \hat{H}_{AL}\right]|\psi_{CG}\rangle = \frac{\hbar}{i}(\nabla\hat{H}_{AL})|\psi_{CG}\rangle \tag{3.2.1.10}$$

$$\therefore [\hat{\boldsymbol{p}}, \hat{H}] = \frac{\hbar}{i}(\nabla\hat{H}_{AL}) \tag{3.2.1.11}$$

$$\vec{F} = -\langle\psi|\nabla\hat{H}_{AL}|\psi\rangle \tag{3.2.1.12}$$

結局，原子が電磁波から受ける力は，相互作用ハミルトニアン$\hat{H}_{AL}$の空間勾配による，という式が導出される．

ここで，$\nabla\hat{H}_{AL}$を計算する前に，$\hat{H}_{AL}$の式を思い出そう．これは，電磁波による電場と原子内部電子の空間座標の積による双極子モーメントによっていた．

$$\hat{H}_{AL} = -\frac{\hbar\Omega_R}{2}\{\boldsymbol{e}^{\boldsymbol{i}(\boldsymbol{\phi}_r+\boldsymbol{\phi}_l)}|e\rangle\langle g| + \boldsymbol{e}^{-\boldsymbol{i}(\boldsymbol{\phi}_r+\boldsymbol{\phi}_l)}|g\rangle\langle e|\} \tag{3.2.1.13}$$

$$\Omega_R \equiv \frac{e}{\hbar}|\boldsymbol{r}_{eg}|\cdot\boldsymbol{E}_0 \tag{3.2.1.14}$$

$$\boldsymbol{\phi}_l \equiv \vec{k}\cdot\vec{r} - \omega t \tag{3.2.1.15}$$

ここで，光電場の振幅E_0と位相ϕ_lは，原子の重心の座標に依存していても良いので，これをあからさまに示すために，$\Omega_R = \Omega_R(\vec{r})$，$\boldsymbol{\phi}_l = \boldsymbol{\phi}_l(\vec{r})$と書くことにしよう．$\nabla\hat{H}_{AL}$の$\nabla$は，この二つの変数$\Omega_R$, ϕ_lにのみ作用する．次に，解析の簡単化のために，電磁波の波数$\vec{\boldsymbol{k}}$は空間に依存しない定数だとしよう．これにより，$\nabla\boldsymbol{\phi}_l = \vec{k}$とできる．

$$\begin{aligned}\therefore \nabla\hat{H}_{AL} = &-\frac{\hbar\nabla\Omega_R}{2}\{\boldsymbol{e}^{\boldsymbol{i}(\boldsymbol{\phi}_r+\boldsymbol{\phi}_l)}|e\rangle\langle g| + \boldsymbol{e}^{-\boldsymbol{i}(\boldsymbol{\phi}_r+\boldsymbol{\phi}_l)}|g\rangle\langle e|\}\\ &-\left(i\vec{k}\right)\frac{\hbar\Omega_R}{2}\{\boldsymbol{e}^{\boldsymbol{i}(\boldsymbol{\phi}_r+\boldsymbol{\phi}_l)}|e\rangle\langle g| - \boldsymbol{e}^{-\boldsymbol{i}(\boldsymbol{\phi}_r+\boldsymbol{\phi}_l)}|g\rangle\langle e|\}\end{aligned} \tag{3.2.1.16}$$

$$\nabla\hat{H}_{AL} = \frac{\nabla\Omega_R}{\Omega_R}\hat{H}_{AL} + \left(i\vec{k}\right)\hat{H}_{AL}{}' \tag{3.2.1.17}$$

ただし

$$\hat{H}_{AL}{}' \equiv -\frac{\hbar\Omega_R}{2}\{\boldsymbol{e}^{\boldsymbol{i}(\boldsymbol{\phi}_r+\boldsymbol{\phi}_l)}|e\rangle\langle g| - \boldsymbol{e}^{-\boldsymbol{i}(\boldsymbol{\phi}_r+\boldsymbol{\phi}_l)}|g\rangle\langle e|\} \tag{3.2.1.18}$$

これを用いて一般の状態における期待値を計算すると，以下のような式が導出できる.（演習問題）

$$\vec{F} = \hbar\nabla\Omega_R \cdot \mathrm{Re}\left[\rho_{eg} e^{-i(\phi_r+\phi_l)}\right] - \hbar\Omega_R \cdot \vec{k} \cdot \mathrm{Im}\left[\rho_{eg} e^{-i(\phi_r+\phi_l)}\right] \quad (3.2.1.19)$$

第1項が双極子力，第2項が放射圧と解釈できる.

3.2.2. 星間ガス収集システム

星間ガスを集めて，宇宙推進のための推進剤にするというアイディアは，バサード・ラムジェットに代表されるような核融合の燃料として使うのみならず，様々な提案がなされてきた.

双極子力は，誘電体を保持する光ピンセットや，ボーズアインシュタイン凝縮体のレーザートラップやレーザー冷却に活用されている.航空宇宙推進に応用する可能性として考えられるのが，星間ガス収集システムである.宇宙空間に，断面上のパワー密度がガウシアン分布を有するガウスビームを放つ.星間ガスが，水素やヘリウムなどの原子によって構成されていると仮定し，さらに，レーザー光の波長が，原子内部の電子のエネルギー準位に相当するならば，双極子力によって，レーザーパワー密度の勾配に従って，星間ガスをレーザービームの中心軸上に集めることができる.

光の双極子力を使って，宇宙船から放出する粒子ビームを収束させると同時に，適切な光の屈折率分布を形成することで，レーザーセイルの到達距離を延長しようという試みは，本章の冒頭で紹介したように，2019年頃にスタンフォード大学のグループからAIAASciTechで発表があり，2022年にはNature系の学術誌上に発表がある.

一方で，ガスの熱運動に伴うドップラー拡がり，そして，ドップラーシフトを考慮すると，レーザー光の波長と星間ガスの共鳴波長との間に差異ができる.これに伴って，星間ガスのこの影響をキャンセルし，さらに，双極子力を増幅させる仕組みとして，次節で紹介する

CPT（Coherent Population Trapping）が有効であると考えている.

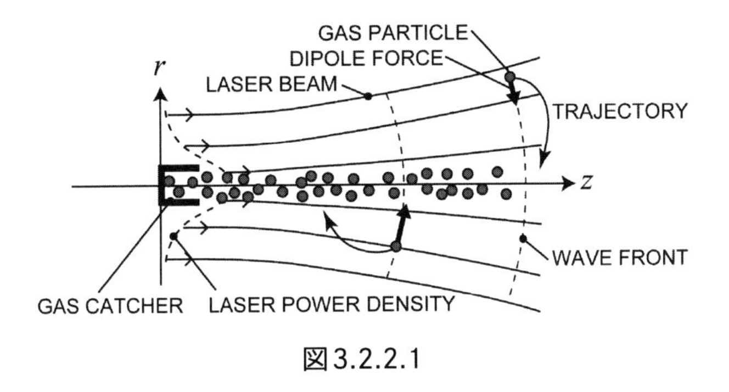

図3.2.2.1

参考文献

Christopher Limbach andKentaro Hara , Performance Analysis of a Combined Laser and Neutral Particle Beam Propulsion Concept Based on Self-Guiding, AIAA 2019-3800

Castillo, A.M., Kumar, P., Limbach, C.M. et al. Mutually guided light and particle beam propagation. Sci Rep 12, 4810（2022）. https://doi.org/10.1038/s41598-022-08802-z

（演習問題：2準位系におけるスペクトルρ_{eg}と力の大きさについて定量計算を議論しよう.）

3.3. CPT

3.3.1. 多準位系 - 多波長電磁波相互作用のレート方程式3式

3以上の準位を有する原子に，準位間遷移の各組み合わせに対応した複数の周波数の電磁波（光）が入射する場合を考える．①非減衰成分，②減衰・対角成分，③減衰・非対角成分の3成分に分けて式を紹介する．

① 非減衰成分

$$\frac{d}{dt}\tilde{\rho}_{ij} = I\{\omega_L(j,i) - \omega_{ij}\}\tilde{\rho}_{ij} - I\left\{\sum_m \frac{1}{2}\Omega_{R(i,m)}\tilde{\rho}_{mj} - \sum_n \frac{1}{2}\Omega_{R(j,n)}\tilde{\rho}_{in}\right\}$$

(3.3.1.1)

この式は，密度演算子の運動方程式の非減衰項：

$$\frac{d\hat{\rho}}{dt} = \frac{1}{i\hbar}[\hat{H},\hat{\rho}] \quad (3.3.1.2)$$

を成分に分解したものである．

ただし，I：虚数単位，原子内電子の2準位（上準位i，下準位j，下から順番に番号を付して$i > j$とする）の間のエネルギー差に対応した周波数：

$$\omega_{ij} \equiv \frac{E_i - E_j}{\hbar} \quad (3.3.1.3)$$

密度演算子の振幅：

$$\tilde{\rho}_{ij} \equiv \rho_{ij}e^{I\omega_{L(j,i)}t}z \quad (3.3.1.4)$$

ω_{ij}に対応した光の周波数：

$$\omega_{L(j,i)} = -\omega_{L(i,j)} > 0\ (i > j) \tag{3.3.1.5}$$

ここで，共鳴条件$\omega_{L(j,i)} \sim \omega_{ij}$を前提としているが，ドップラー効果などにより差異があっても良い．

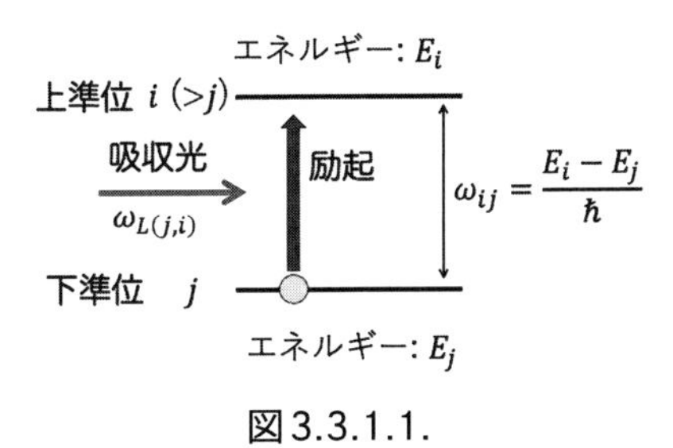

図3.3.1.1.

② 対角成分：自然放出による緩和項

対角成分については，

$$\tilde{\rho}_{ii} = \rho_{ii} \tag{3.3.1.6}$$

$$\frac{d}{dt}\tilde{\rho}_{ii} = -\sum_{m<i} A_{im}\tilde{\rho}_{ii} + \sum_{m>i} A_{mi}\tilde{\rho}_{mm} \tag{3.3.1.7}$$

ただし，A_{im}は，$i \rightarrow m$遷移に伴う自然放出係数（A係数）を表す．

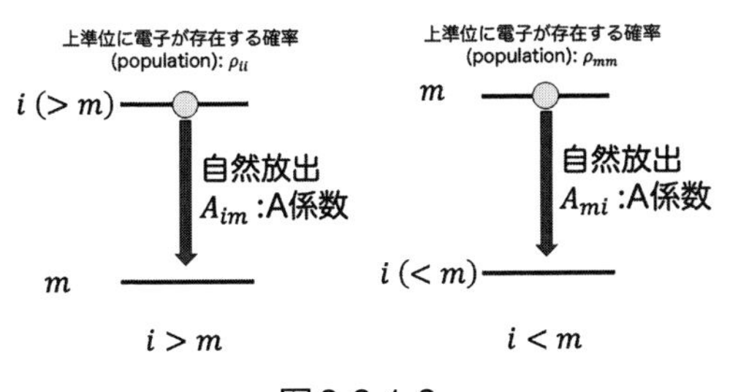

図3.3.1.2.

③　非対角成分 ($i \neq j$)：自然放出＋弾性衝突

$$\frac{d}{dt}\tilde{\rho}_{ij} = -\{A_{ij} + \gamma_{col(i,j)}\}\tilde{\rho}_{ij} \tag{3.3.1.8}$$

これは（i, j）成分しか関係しないのでスカラー方程式になる．ただし，$\gamma_{col(i,j)}$ は，$i \to j$ 遷移に対する衝突に伴う緩和レートを表す．

（演習問題：これらの式を導出しよう．）

3.3.2.　CPTによる屈折率消去

レーザー推進の駆動源には，過去にはCO_2レーザー（波長：10.6 μm）を用いた研究が多くなされてきたが，近年では，大出力固体レーザー（波長：約1μm）の開発が盛んとなり，近赤外光によるレーザー推進の研究も増えている．赤外光は，地球大気中のH_2O分子の振動-回転励起による吸収を受けるが，ちょうど10 μm付近には吸収の弱いatmospheric windowが存在することが知られていた．また，ちょうど1 μm付近の波長も，同様に吸収の強い波長域の狭間にあり，吸収されずに大気を透過できる．

一方，地上大気の屈折率と真空屈折率との差は約10^{-4}程度で，大気の密度のゆらぎによる屈折率の時間変動・非一様性により，レーザービーム伝送は影響を受ける．レーザー推進に対するその影響は，昨年の宇宙科学技術連合講演会で簡易的な見積もりを行なった．100kW級レーザーローンチビークルの直径は4 ～ 6cmが最適と見積もられている．[(1)]別の研究では，これを参考に，ローンチビークルのサイズを10cmと仮定し，さらに，レーザービームの直径も10cmのまま，ビークルの高度が上がっても維持されると仮定して大気擾乱の影響を見積もった．[(2)]これによると，ビークルが高度100kmに達した時には，大気乱れによるビーム径の増大（Beam expansion）δwは1.7cm（元のビーム直径の17%の増加）となる．一方，Beam wonderingは3μrad程度となり，これに伴い高度100kmではビームの位置が30cmずれることになる．ビーム径及びビークルの受光部のサイズが10cm程度である場合，これらのサイズと同程度以上の位置ずれが生じ，これが1kHz程度で変動するという可能性が示唆されている．

対策としてAdaptive Optics（AO）が考えられる．これにはOpto-Mechanicalな方法とOpticalな方法の2種類の方法があるが，いずれも大気擾乱による光波の波面変化を検出する必要があり，これが必ずしも容易でない．従来のAOとは異なる新しい方法はないだろうか？光の屈折・吸収に対する量子力学的モデルに基づいて，新しい方法を検討しよう．

気体分子による光の吸収・屈折に対する最も単純な量子力学モデルは，2準位モデルである．これに基づく複素電気感受率のスペクトルは，下図のようになる．[3] 吸収係数（複素電気感受率の虚数成分の1/2）がピークをとる共鳴周波数で，屈折率は1（複素電気感受率の実数成分がゼロ）になる．

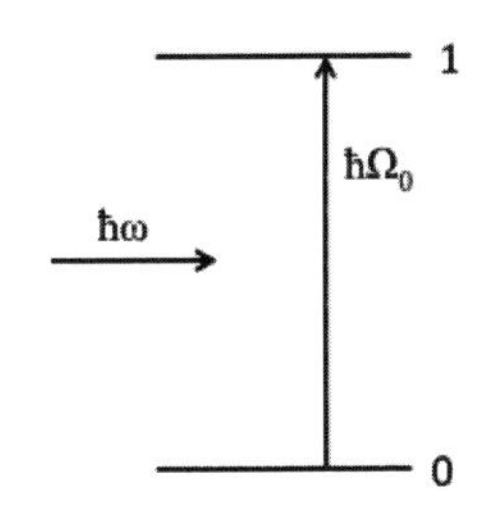

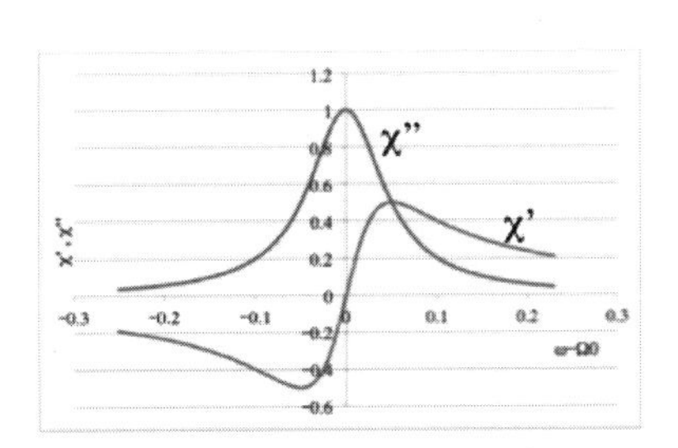

図3.3.2.1.　2準位モデルとそれによって計算される複素電気感受率（実部：χ'=Re [χ_i]，虚部：χ''=Im [χ_i]）の周波数分布

もし，複素電気感受率の実部と虚部を同時にゼロにする方法があれば，光線は大気に屈折も吸収もされずに伝搬できるはずである．以下では，実際の地球大気に対する具体的な研究の出発点として，まず，3準位Λ系では複素電気感受率が消去できることを示す．

原子・分子の内部のエネルギー構造としては，下図に示すように，下2準位（1, 2）間の電子遷移は禁制で，共通の上準位（0）からの遷移のみが許容されている3準位Λ系を考える．遷移1-0, 2-0の各周波数ω_1, ω_2と共鳴した2つのレーザー（周波数：ω_{L1}, ω_{L2}）が入射する．この系の定常状態におけるpopulationは，光学ブロッホ方程式の定常解として計算できる．この系において，レーザー光i(i =1 or 2)に対する複素電気感受率χ_iは，

$$\chi_i = \frac{{\mu_{0i}}^2}{\hbar\varepsilon_0\Omega_{Ri}}\rho_{0i} \tag{3.3.2.1}$$

によって計算できる．ここで，μ_{0i}は0-i遷移における双極子モーメント，Ω_{Ri}はレーザー光iに対するラビ周波数，これを用いてこの3準位系からなる気体のレーザー光iに対する屈折率n_iならびに吸収係数κ_iはそれぞれ

$$n_i=1+\frac{1}{2}\mathrm{Re}[\chi_i] \tag{3.3.2.2}$$

$$\kappa_i=\frac{1}{2}\mathrm{Im}[\chi_i] \tag{3.3.2.3}$$

と求められる．つまり，屈折率n_i-1と吸収係数κ_iは，密度行列の非対角成分ρ_{0i}の実部と虚部にそれぞれ比例している．Detuning : $\delta = \omega_{L1} - \omega_{L2} - (\omega_1 - \omega_2) = 0$の時に，分$\rho_{0i}$は虚部・実部共にゼロになる．つまり，複素電気感受率の実部と虚部が同時に消去できることになり，光線の伝播が媒質の影響を受けなくなる，ということになる．

原子・分子の内部のエネルギー構造として，次頁図に示すように，下2準位（1, 2）間の電子遷移は禁制で，共通の上準位（0）からの遷移のみが許容されている3準位Λ系を考える．

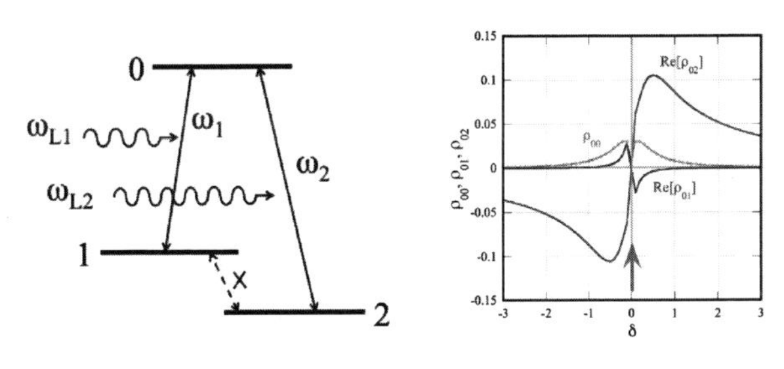

図3.3.2.2. 3準位Λ系

遷移1-0, 2-0の各周波数ω_1, ω_2と共鳴した2つのレーザー（周波数：ω_{L1}, ω_{L2}）が入射する．この系の定常状態におけるpopulationは，光学ブロッホ方程式の定常解として計算できる．屈折率n_i - 1と吸収係数 κ_I は，密度行列の非対角成分ρ_{0i}の実部と虚部にそれぞれ比例している．屈折率はレーザー1とレーザー2に対してそれぞれ以下の式で表される：

$$n_1{}^2 = 1 + N\frac{Re[\rho_{01}]p_{01}}{\varepsilon_0 E_{L1}} \tag{3.3.2.4}$$

$$n_2{}^2 = 1 + N\frac{Re[\rho_{02}]p_{02}}{\varepsilon_0 E_{L2}} \tag{3.3.2.5}$$

Detuning : $\delta = \omega_{L1} - \omega_{L2} - (\omega_1 - \omega_2) = 0$の時に，$\rho_{0i}$は虚部・実部共にゼロになる．つまり，複素電気感受率の実部と虚部が同時に消去できることになり，光線の伝播が媒質の影響を受けなくなる，ということになる．

下図は水素原子について複素電気感受率を2本のレーザービームを入射させた場合の計算結果で，Detuningがゼロになると，全てゼロになることが示される．3準位V系原子・分子からなる媒質に周波数を調整した2本のレーザービームを重ねて出すことで，媒質における複素電気感受率を消去し，媒質の密度ゆらぎの影響を受けずにレーザービームを伝送することができるはずである．

水素原子については，原子内の電子のエネルギー準位の構造や双極子モーメントがよくわかっており，基底準位近傍の準位を3準位V系に見立てて，下図に示すように，CPT-CRC（Complex Refractive-index Cancellation）を実現することができる．ただし，121nmという短波長紫外光を小数点以下4桁の精度で波長制御することが求められる．

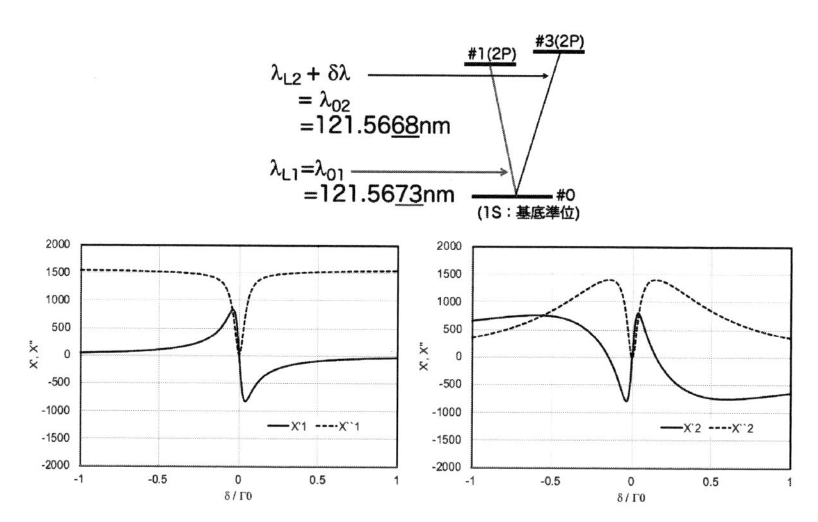

図3.3.2.3.　水素原子における3準位V系相当システム

では，実際の地球大気中にレーザービームを伝送させる際に，このような方法で大気ゆらぎの影響をキャンセルすることが，本当に可能だろうか？これを具体的に検討するには，今回の解析では省略したいくつかの要因を考慮し，対策を講じる必要がある．まず，地球大気の構成分子の内部自由度に3準位Λ系とみなせるエネルギー構造が存在するか？もしくは同様の機能を大気の構成分子内部のエネルギー構造に見出すことは可能だろうか？地球大気はN_2やO_2を主成分とする混合ガスであり，赤外光吸収はH_2Oが主たる役目を果たしているとしても，屈折率の発生についてはN_2, O_2の振動-回転がどのように関わっているのか，検討が必要である．次に，地上付近の高密度大気では振動-回転準位の圧力広がりが顕著であり，レーザーと分子との相互作用に対する分子間衝突の影響を考慮する必要がある．さらに，エネルギー消費はどの程度になるだろうか？今後検討すべき課題は多い．

参考文献

1）亀井知己，小野貴裕，松井信，森浩一，「100kWファイバーレーザーを用いたレーザー打ち上げシステムの実現可能性の検証と将来の大量輸送システム」宇宙太陽発電，3, pp.38-45, 2018.
2）森浩一「1G10_大気中レーザービーム伝送を考慮したレーザーローンチシステムの実現可能性検討」第62回宇宙科学技術連合講演会 1G10, 2018.
3）松岡正浩「量子光学」裳華房

3.3.3. そのほかの応用

CPTはさまざまな宇宙技術への応用が考えられる：

- 星間ガス収集システム　（レーザー+粒子ビームセイル）
- Laser Induced Driftによる推進
- プラズマからの放射光抑制（消光）
- LWI（Lasing Without Inversion）を用いた太陽プラズマによるレーザー発振（図）

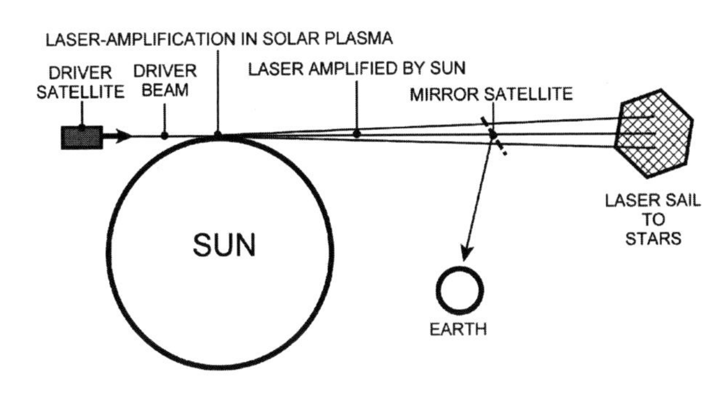

図3.3.3.1.

第4章

重力波推進

一般相対論によれば，時空は偏微分方程式で記述される場である．時空を人間の手で操作できるとしたら，という仮定の元，一般相対論に基づいて，「超光速」(Faster Than Light, FTL) 飛行を実現する方法である．とてもエキサイティングなテーマだが，現代の科学技術ではまだ実現不可能であることを申し添えておく．

4.1. 相対論

4.1.1. 特殊相対論

(1) ローレンツ (Lorentz) 変換

(静止系) $S{:}\vec{x} \rightarrow S'{:}\vec{x}'$ (系Sのx軸方向に速度Vで進む座標系)

$$\begin{cases} x' = \gamma(x - \beta w) \\ y' = y \\ z' = z \\ w' = \gamma(-\beta x + w) \end{cases} \quad (4.1.1.1)$$

ただし，

$w \equiv ct, \beta \equiv V/c, \gamma = 1/\sqrt{1-\beta^2}$. cは光の速度 ($\sim 3\text{x}10^8$ m/s).

幾何的には，x-w 平面上で右図のように表される．

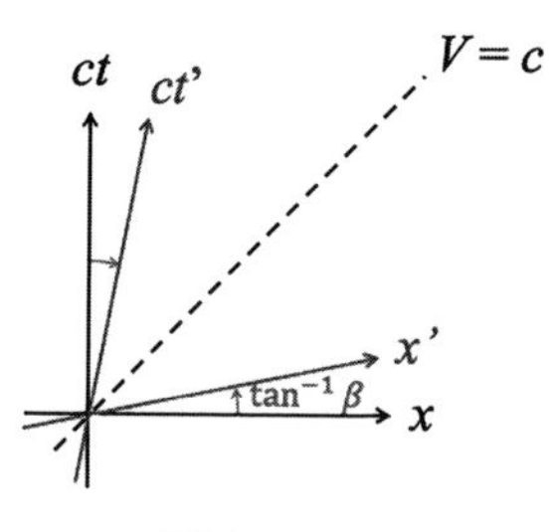

図4.1.1.1.

(2) ローレンツ（Lorentz）不変量

$$(ds)^2 \equiv dx^2 + dy^2 + dz^2 - dw^2 \tag{4.1.1.2}$$

ここで定義される線素 ds はローレンツ不変量である．（上のローレンツ変換の例を用いて証明できる．）

(3) 時間的ベクトル・空間的ベクトル・光円錐

● 時間的ベクトル “ time-like vector ” : $(ds)^2<0$

　例：物質の四元速度ベクトル（光速より遅いから）

● 空間的ベクトル “space-like vector” : $(ds)^2>0$

● 光円錐：$(ds)^2=0$ の面＝光の取りうる軌跡

(4) ミンコフスキー（Minkovski）計量（metric）

$$\begin{cases} x^0 = w \\ x^1 = x \\ x^2 = y \\ x^3 = z \end{cases} \tag{4.1.1.3}$$

$$s^2 \equiv -(x^0)^2 + (x^1)^2 + (x^2)^2 + (x^3)^2 = \sum_{\mu=0}^{3}\sum_{\nu=0}^{3} \eta_{\mu\nu} x^\mu x^\nu = \eta_{\mu\nu} x^\mu x^\nu \tag{4.1.1.4}$$

アインシュタインの縮約記法：μ, νが上付添字と下付添字で対になって現れたら自動的に0～3の総和を取る．

計量（metric）は基本的な量であるが，特にミンコフスキー計量は基本中の基本である．行列表示をすると以下のように表示される．

$$\eta_{\mu\nu} = \begin{pmatrix} -1 & 0 & 0 & 0 \\ 0 & 1 & 0 & 0 \\ 0 & 0 & 1 & 0 \\ 0 & 0 & 0 & 1 \end{pmatrix} \tag{4.1.1.5}$$

行列表示で考えるとき，x^{μ} のような上付き添字で表すベクトルを「反変ベクトル」（Contravariant vector）と呼び，通常のベクトルと同様に扱う．これがy_{τ}のように下付添字になると「共変ベクトル」(Covariant vector）と呼ぶ．

(5) ローレンツ収縮

静止系Sから見ると移動系S'と共に動くモノは縮んで見える．

$$l' = \sqrt{1-\beta^2}\, l = \gamma^{-1}\, l$$

長さの比に等しいγ^{-1}を「ローレンツ係数」とも呼ぶ．

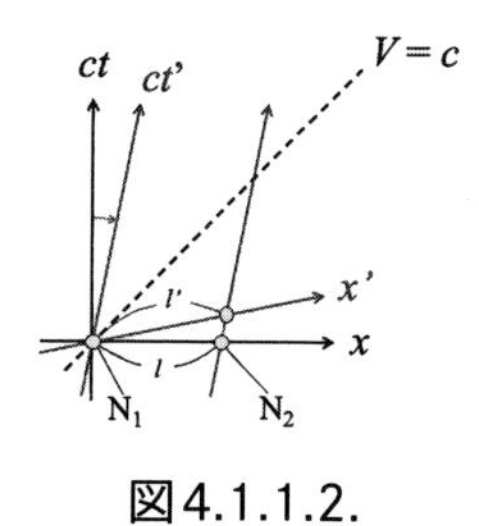

図4.1.1.2.

(6) 固有時（proper time)

線素dsは以下のように定義され，これはローレンツ不変だった．

$$(ds)^2 \equiv -(dx^0)^2 + (dx^1)^2 + (dx^2)^2 + (dx^3)^2$$
$$= \eta_{\mu\nu} dx^{\mu} dx^{\nu} = \eta_{\mu\nu} (dx^{\mu})'(dx^{\nu})' \qquad (4.1.1.6)$$

固有時τは，平坦な時空では以下のように定義される：

$$(cd\tau)^2 \equiv (dx^0)^2 - \{(dx^1)^2 + (dx^2)^2 + (dx^3)^2\} = -\eta_{\mu\nu}dx^\mu dx^\nu$$
$$= -\eta_{\mu\nu}(dx^\mu)'(dx^\nu)' \quad (4.1.1.7) \tag{4.1.1.7}$$

ここで

$$d\tau = c^{-1}(dx^0)' = (dt)' = c^{-1}dw' \ (at\ d\boldsymbol{x}' = 0) \tag{4.1.1.8}$$

であることを考慮すると，固有時とは，移動系S'と共に動く観測者が測る（感じる）時間と解釈できる．固有時はもちろんローレンツ不変である．

相対論的な運動方程式は固有時を用いて表現されることが多い．曲がった時空においても，固有時はしばしば用いられる．

(7) 4元速度

非相対論速度

$$\vec{v} = \frac{d\vec{x}}{dt} \tag{4.1.1.9}$$

相対論の「4元速度」u^μは次のように定義される：

$$u^\mu = \frac{dx^\mu}{d\tau}, \mu = 0 \sim 3 \tag{4.1.1.10}$$

固有時で定義されている．4元速度は次の性質を持つ：

$$\eta_{\mu\nu}u^\mu u^\nu = \eta_{\mu\nu}\frac{dx^\mu}{d\tau}\frac{dx^\nu}{d\tau} = \frac{\eta_{\mu\nu}dx^\mu dx^\nu}{(d\tau)^2} = \frac{-(d\tau)^2}{(d\tau)^2} = -1 \tag{4.1.1.11}$$

非相対論速度と4元速度の関係は，以下の固有時の定義式から導出できる：

$$(d\tau)^2 \equiv (dx^0)^2 - \{(dx^1)^2 + (dx^2)^2 + (dx^3)^2\} = (dx^0)^2 - |d\boldsymbol{x}|^2 \tag{4.1.1.12}$$

$$\rightarrow \left(\frac{d\tau}{dx^0}\right)^2 = 1 - \left|\frac{d\boldsymbol{x}}{dx^0}\right|^2 \tag{4.1.1.13}$$

ここで，$x^0 = ct, \beta \equiv V/c = \left|\frac{dx}{dx^0}\right|$だったことを思い出して，

$$\frac{d\tau}{dx^0} = \sqrt{1-\beta^2} = \gamma^{-1}$$
$$\rightarrow d\tau = \gamma^{-1}dx^0 \tag{4.1.1.14}$$

$$\therefore u^0 = \gamma \tag{4.1.1.15}$$

また，

$$u^i = \frac{dx^i}{d\tau} = \frac{dx^i}{\gamma^{-1}c^{-1}dx^0} = \gamma\frac{dx^i}{c^{-1}dx^0} = \gamma\frac{dx^i}{dt} = \gamma v^i, i = 1 \sim 3.$$

$$\therefore u^i = \gamma v^i \tag{4.1.1.16}$$

(8) 4元運動量

非相対論的な運動量の定義：

$$\vec{p} \equiv m\vec{v} \tag{4.1.1.17}$$

$$\leftrightarrow p^i = mv^i = m\frac{dx^i}{dt}, i = 1 \sim 3 \tag{4.1.1.18}$$

これは，常に成り立たなくてはならない．

相対論4元運動量の定義：

$$p^\mu \equiv m_0 u^\mu \tag{4.1.1.19}$$

m_0は固有質量であり，物体と同じ速度で動いている観測者の系

(物体が静止して見える系）における物体の質量である．u^μは

$$u^\mu = \frac{dx^\mu}{d\tau} \tag{4.1.1.20}$$

という定義であったことを思い出すと，4元運動量は，物体が静止して見える観測者からみた時間τ（固有時間）と質量m_0（固有質量）を用いている：

$$p^\mu = m_0 \frac{dx^\mu}{d\tau} \tag{4.1.1.21}$$

これは，非相対論的運動量に他ならない．

一般の慣性系から見た場合，ここで，4元速度u^iと3元速度v^iの関係を思い出して，4元運動量の3元成分：

$$p^i = \gamma m_0 v^i \,, i = 1 \sim 3 \tag{4.1.1.22}$$

この式と非相対論的な運動量の式：

$$p^i = m v^i \tag{4.1.1.23}$$

が同時に成り立つためには，

$$m = \gamma m_0 \tag{4.1.1.24}$$

が成り立たなければならない．つまり，相対論的速度で動く物体の重さは静止している系から見ると，重い．速度が速くなればなるほど重くなっていく．逆に，光速に対して，速度が十分に遅ければ，$\gamma \sim 1$と近似できるので，非相対論的な運動量に漸近する．

運動方程式：

$$\frac{dp^\mu}{d\tau} = f^\mu \tag{4.1.1.25}$$

(9) エネルギー

$$\eta_{\mu\nu}p^{\mu}p^{\nu} = -(mc)^2 \tag{4.1.1.26}$$

空間成分：

$$p^i = \gamma m_0 v^i, i = 1 \sim 3 \tag{4.1.1.27}$$

時間成分：

$$p^0 = \gamma m_0 c = \sqrt{|\boldsymbol{p}|^2 + (m_0 c)^2} \equiv E/c \tag{4.1.1.28}$$

この4元運動量の時間成分を「相対論的エネルギー」として定義する．運動量がゼロの場合，有名な静止エネルギーの式になる．

$$E = m_0 c^2 \tag{4.1.1.29}$$

(10) Stress-Energy Tensor

質点が多数集まった連続体を考える．例えば，重力の源である星も，質点が集まったもの．

エネルギー密度

- 流体要素と共に動く座標系（質量密度ρの流体要素は静止）におけるエネルギー密度

$$\varepsilon' = \rho_0 c^2 \tag{4.1.1.30}$$

ここで，質量密度ρは，この系から見た分子の個数密度Nと分子1個の質量mとを使って

$$\rho_0 = m_0 N \tag{4.1.1.31}$$

- 静止系から見るとこの流体要素は $-V$ の速度を持ち，分子1個が $E=\gamma m_0 c^2$ のエネルギーを持つ．

●静止系から見た「単位体積あたりのエネルギー密度」

分子1個：$E=\gamma m_0 c^2$

入れ替え：$m_0 \to \rho_0$

体積が進行方向にローレンツ収縮するのでγ倍する

$$\varepsilon = \gamma^2 \rho_0 c^2 \qquad (4.1.1.32)$$

ここで$u^0=\gamma$であったことを思い出すと，

$$\varepsilon = \rho_0 c^2 u^0 u^0 \qquad (4.1.1.33)$$

運動量密度

分子一個の3元運動量：

$$p^i = \gamma m_0 v^i = m_0 c u^i \qquad (4.1.1.34)$$

と，静止系から見た個数密度：γNをかけて，運動量密度が求められる：

$$p^i = \gamma^2 m_0 N v^i = \gamma^2 \rho_0 v^i \qquad (4.1.1.35)$$

$u^0 = \gamma, u^i = \frac{\gamma}{c} v^i$を用いてこれを表現すると，

$$c p^i = \rho_0 c^2 u^0 u^i \qquad (4.1.1.36)$$

Stress-Energy Tensor

エネルギー密度と運動量密度は4元速度を用いて似た感じで表現できたので，これらを合わせて，エネルギー運動量テンソル（Stress-Energy Tensor）というものを以下のように定義する：

$$T^{\mu\upsilon} = \rho_0 c^2 u^\mu u^\upsilon \tag{4.1.1.37}$$

Minkovski空間における成分を書き下すと：

$$T^{\mu\upsilon} = \begin{pmatrix} \varepsilon & cp^1 & cp^2 & cp^3 \\ cp^1 & & & \\ cp^2 & & T^{ij} & \\ cp^3 & & & \end{pmatrix} \tag{4.1.1.38}$$

ただし，T^{ij}は，連続体の応力テンソル（Stress Tensor）であり，その3x3成分のうち，対角成分が連続体の圧力，非対角成分が剪断応力になっている．対称性：$T^{\mu\upsilon}=T^{\upsilon\mu}$は定義から自明.

<u>保存則</u>

Stress-Energy Tensor は，次の保存則を満たす：

$$\partial_\upsilon T^{\mu\upsilon} = 0 \leftrightarrow \frac{\partial}{\partial x^\upsilon} T^{\mu\upsilon} = \frac{\partial}{\partial x^0} T^{\mu 0} + \sum_{i=1}^{3} \frac{\partial}{\partial x^i} T^{\mu i} = 0 \tag{4.1.1.39}$$

μ=0の場合には,

$$\frac{\partial}{\partial x^0} T^{00} + \sum_{i=1}^{3} \frac{\partial}{\partial x^i} T^{0i} = 0 \tag{4.1.1.40}$$

$$\rightarrow \frac{\partial}{\partial t}\left(\frac{\varepsilon}{c}\right) + \sum_{i=1}^{3} \frac{\partial}{\partial x^i}\left(cp^i\right) = 0$$

$$\rightarrow \frac{\partial}{\partial t}(c\gamma^2 \rho_0) + \sum_{i=1}^{3} \frac{\partial}{\partial x^i}\left(c^2\gamma \rho_0 u^i\right) = 0 \tag{4.1.1.41}$$

4.1.2. 一般相対論

(1) 線素・計量

任意の時空は計量 $g_{\mu\nu}$ で表され，これは線素 d_s と以下の式で関係付けられている．

$$ds^2 = g_{\mu\nu}dx^\mu dx^\nu = -(cd\tau)^2 \quad (4.1.2.1)$$

重力のない（$T_{\mu\upsilon}$=0）平坦な時空では

$$g_{\mu\nu} = \eta_{\mu\nu} \quad (4.1.2.2)$$

$\{x^\mu\}$は，重力のない平坦な時空（ミンコフスキー時空）に貼られた座標系である．重力場が存在すると，この座標系$\{x^\mu\}$で測る線素dsの長さが場所場所で変わる．重力場の下で自由落下する座標系を局所慣性座標系と呼ぶが，要するに，フリーフォール状態にある．この系で感じられる時間が固有時 τ である．

注意：テンソルの成分について – ミンコフスキー空間（平坦な時空）ではない，一般の計量$g_{\mu\nu}$を有する曲がった時空においては，テンソルそのものは不変であるが，その成分が変わる．成分は基底が定義されて初めて計算できるが，曲がった時空における基底は，場所によって変わり，テンソルの成分も変化することに注意が必要である．

(2) アインシュタイン方程式

ニュートンの万有引力の法則では，重力の源は質量だった．アインシュタイン方程式では，質量を静止エネルギーに拡張し，運動量を含めたStress-Energy Tensor $T_{\mu\upsilon}$を源とする．さらに，重力の影響は，時空の歪みとして現れ，計量$g_{\mu\upsilon}$を決定する．

$$R_{\mu\upsilon} - \frac{1}{2}g_{\mu\upsilon}R = \frac{8\pi G}{c^4}T_{\mu\upsilon} \quad (4.1.2.3)$$

左辺はまとめて$G_{\mu\upsilon}$と書かれる場合が多い．左辺に現れるリッチテンソル$R^{\mu\upsilon}$，スカラー曲率R　は，テンソルの公式（後述）を用いて$g_{\mu\upsilon}$で表されるので，実質，左辺は計量$g_{\mu\upsilon}$の関数である．つまり，アインシュタイン方程式は，物質の質量・運動を表す$T_{\mu\upsilon}\rightarrow g_{\mu\upsilon}$という関係式である．$g_{\mu\upsilon}$が決まれば，重力以外の力が作用しない，自由落下状態の質点の運動は，測地線方程式（後述）で計算できる．まず計量$g_{\mu\upsilon}$が重要である．以下では，主に$g_{\mu\upsilon}$に軸足を置く．ここでは，源の項（源泉項，source term）である$T_{\mu\upsilon}$については，添えもの（=エネルギー条件）程度の扱いしかしない．

また，注意したいのは，テンソルは座標系によらない．逆にいうと，テンソルの成分は，座標系とその基底を与えなければ計算できない．

(3)　テンソル公式

計量テンソルの添字の上げ下げ

$$g_{\mu\nu}g^{\nu\gamma} = \delta_\mu^\gamma \quad (4.1.2.4)$$

ただし，$\delta_\mu^\gamma = \begin{cases} 1\ (\gamma = \mu) \\ 0\ (\gamma \neq \mu) \end{cases}$：単位テンソル

テンソルの添字の上げ下げは計量

例1：反変ベクトルA^μ　→　共変ベクトルA_υ

$$g_{\mu\nu}A^\mu = A_\nu \quad (4.1.2.5)$$

その逆

$$g^{\nu\gamma}A_\nu = A^\gamma \quad (4.1.2.6)$$

例2：

$$g_{\mu\nu}g_{\gamma\beta}B^{\mu\gamma} = B_{\nu\beta} \tag{4.1.2.7}$$

クリストッフェルの記号（接続係数とも呼ばれる）

$$\Gamma^{\nu}_{\sigma\lambda} \equiv \frac{1}{2}g^{\nu\rho}\left(\partial_\sigma g_{\rho\lambda} + \partial_\lambda g_{\rho\sigma} + \partial_\rho g_{\sigma\lambda}\right) \tag{4.1.2.8}$$

曲率テンソル

$$R^{\lambda}_{\sigma,\mu\nu} \equiv \partial_\mu \Gamma^{\lambda}_{\sigma\nu} - \partial_\nu \Gamma^{\lambda}_{\sigma\mu} + \Gamma^{\tau}_{\sigma\nu}\Gamma^{\lambda}_{\tau\mu} - \Gamma^{\tau}_{\sigma\mu}\Gamma^{\lambda}_{\tau\nu} \tag{4.1.2.9}$$

リッチテンソル（縮約）

$$R_{\sigma\nu} \equiv R^{\mu}_{\sigma,\mu\nu} \tag{4.1.2.10}$$

スカラー曲率（さらに縮約）

$$R \equiv g^{\sigma\nu}R_{\sigma\nu} \tag{4.1.2.11}$$

(4)　シュバルツシルト（Schwartzschild）解

シュバルツシルト解は，真空中（質量なし：$T_{\mu\upsilon}$=0）のアインシュタイン方程式を時間変化なし，空間球対称を仮定した解であり，ブラックホールの解としても知られている．これがどのように導出されるかを見ておく．

出発点は線素と計量の関係

$$ds^2 = g_{\mu\nu}dx^{\mu}dx^{\nu} \qquad (4.1.2.12)$$

で，これが時間定常・空間球対称であることから，以下のように変形できる．

$$ds^2 = g_{00}(cdt)^2 + g_{11}(dr)^2 \qquad (4.1.2.13)$$

ここで計量の成分g_{00}, g_{11}はいずれも中心からの半径rのみの関数である．
これを真空中アインシュタイン方程式

$$R_{\mu\upsilon} - \frac{1}{2}g_{\mu\upsilon}R = 0 \qquad (4.1.2.14)$$

に代入し，$g_{00}(r), g_{11}(r)$　を求めると，

$$g_{00}(r) = -c^2\left(1 - \frac{R_s}{r}\right), g_{11}(r) = \left(1 - \frac{R_s}{r}\right)^{-1} \qquad (4.1.2.15)$$

となる．ここで，$R_s = 2GM/c^2$ がシュバルツシルト半径と呼ばれている．

(5)　測地線の方程式

$$\frac{d^2x^{\mu}}{d\tau^2} + \Gamma^{\mu}_{\sigma\lambda}\frac{dx^{\sigma}}{d\tau}\frac{dx^{\lambda}}{d\tau} = 0 \qquad (4.1.2.16)$$

これは重力場下で自由落下する質点の運動方程式に等しい．

$$\Gamma^{\mu}_{\sigma\lambda} = 0 \qquad (4.1.2.17)$$

を満足する座標系 $\tilde{S}$ では，

$$\frac{d^2\tilde{x}^\mu}{d\tau^2} = 0 \qquad (4.1.2.18)$$

となる．このような座標系は，「測地線座標系」もしくは「局所慣性座標系」といい，慣性座標系，つまり，物体には何も力が作用していない，自由落下状態にある，というわけだ．

(6) エネルギー条件

これまで負の質量を持つ物質は発見されていない．どの観察者からもエネルギー（つまり質量）は負にはならないという条件は，弱いエネルギー条件と呼ばれ，以下の式で表されている．

$$T_{\mu\nu}u^\mu u^\nu \geq 0 \qquad (4.1.2.19)$$

ただし，u^μ, u^ν は任意の時間的（time-like）な単位ベクトルである．

4.2. アルクビエールの超光速飛行

アルクビエールは1994年の論文で，一般相対性理論の枠内で超光速飛行が可能であることを示した．この論文でも出発点は線素と計量である：

$$ds^2 = -d\tau^2 = g_{\mu\nu}dx^\mu dx^\nu \quad (4.2.1.1)$$

計量として以下のような式を与えた：

$$ds^2 = -dt^2 + \{dx - v_s f(r_s)dt\}^2 + dy^2 + dz^2 \quad (4.2.1.2)$$

つまり，

$$g_{00} = 1 - \{v_s f(r_s)\}^2, g_{01} = 2v_s f(r_s), g_{11} = g_{22} = g_{33} = 1. \quad (4.2.1.3)$$

他の成分は全てゼロである．
ただし，

$$r_s(t) = \sqrt{\{x - x_s(t)\}^2 + y^2 + z^2} \quad (4.2.1.4)$$

$$v_s = \frac{dx_s(t)}{dt} \quad (4.2.1.5)$$

この計量を与えただけ．この計量はアインシュタイン方程式から，何らかのStress-Energy Tensorによって与えられるはずだが，その話はとりあえず置いておこう．

v_sは宇宙船の速度で，r_sは宇宙船を包む「バブル」の半径であり，$f(r_s)$は，その内部($r \leq r_s$)では1，外部($r > r_s$)では0という関数とする．この時，バブル内部($r \leq r_s$)の時空は，静止系に対してx方向にv_sの速度で進むが，バブルの外部では平坦な時空が広がる．バブルの内部の宇宙船はバブルと共に$(dx_s)/dt=v_s$の速度で飛行する．このバブルの前方の空間は縮み，後方の空間は伸びることで，このバブルが推進されることが示される．（これには，3次元の超曲面（hypersurface）や外部曲率テンソル（extrinsic curvature tensor）を理解する必要がある．）

ただし，$v_s>c$　という超光速飛行を行ったとしても，バブル内部の宇宙船の軌道は時間的（time-like）である．計量の式に$x=x_s$を代入すると，$d\tau=dt$となり，宇宙船が時間的軌道を動いているだけでなく，バブル内部の時間と固有時間が等しいことを示している．

一方，このアルクビエール計量を使って，アインシュタイン方程式からエネルギーを計算すると，任意のtime-likeな単位ベクトルu^0に対して，

$$T^{00}u^0u^0 < 0 \tag{4.2.1.6}$$

つまり，静止エネルギーが負の源が必要であるということがわかる．これはワームホールでも同様で，負の質量を持った物質のことを「エキゾチック物質」などと呼んだ．超光速飛行の実現には「負の質量」が鍵になる．

4.3. 重力波推進

重力波は，アインシュタイン方程式の解として知られている．時空の歪みが光の速度で空間を伝播する．これを使ってモノを動かす（推進する）ことはできないだろうか？ここでは，外部で発生させたパルス的な重力波（これをどのように発生させるかが大問題であるが，これは今は問題にしない）を，宇宙船の周囲の時空に当て，時空を，時間的にも空間的にもごく局所的に縮めることで，遠方の慣性系から見て，宇宙船が加速されるという方法を検討する．時空を歪めるので超光速飛行も可能になる．

線形重力波

多くの教科書で，真空中のアインシュタイン方程式

$$R_{\mu\upsilon} = 0 \tag{4.3.1.1}$$

を線形化して，計量 h が以下の波動方程式を満たすことが証明される：

$$\left(-c\partial_t^2 + \partial_x^2 + \partial_y^2 + \partial_z^2\right)h = 0 \tag{4.3.1.2}$$

ただし,$|h| \ll 1$という十分条件が課せられる．hが大きくなってくると，真空中のアインシュタイン方程式が成り立たなくなる．正の有限な振幅を有する（つまり無限小ではなく，$|h|$が1と同程度の値を持つ）重力波を宇宙船に当てることによって加速することができる．これは，重力波が発生させる計量の下での測地線方程式を解くことで示すことができる．しかし，正の有限振幅波の解をアインシュタイン方程式に代入してエネルギー密度T^{00}を求めると，ゼロにならない．つまり，真空のアインシュタイン方程式を満たさなくなる．さらに，重力波の振幅を正にするには，エネルギー密度は負になる必要がある．またもや，「負の質量」問題である．

非線形重力波

一般相対論の研究者によってアインシュタイン方程式の厳密解が多数発見されている．（J. Weber, General Relativity and Gravitational Waves, Dover, 2004., J.B. Griffiths and J. Podolsky, Exact Space-Times in Einstein's General Relativity, Cambridge University Press, 2009; H. Stephani et al., Exact Solutions of Einstein's Field Equations, 2003）

Weberのテキストでは P120, 2009年のテキストでは P324に紹介されているように，1959年にA. Peresは真空中のアインシュタイン方程式を厳密に満足する非線形重力波の解を発表している．その計量は以下のような式で表現されていた：

$$ds^2 = -(1-2f)d(ct)^2 + dx^2 + dy^2 + (1+2f)dz^2 + 4f dzd(ct) \tag{4.3.1.3}$$

ここで $f=f(x,y,z+ct)$ は，$f_{xx}+f_{yy}=0$ を満足する調和関数である．z 軸に沿って負の方向に光速度 c で伝播する．この調和関数 f の選択は自由度があり，以下のようなウェーブパケットの形の解を与える：

$$f = \frac{a}{4}\left[\frac{-2x^2 + (y-y_0)^2 + (y+y_0)^2}{\{x^2 + (y-y_0)^2\}}\right]\exp\left[-\frac{z+ct-z_0}{\sigma}\right] \tag{4.3.1.4}$$

ここで，線素の右辺第2-4項：$+dx^2+dy^2+(1+2f)dz^2$ を見れば，計量の空間成分が正であるためには，$1+2f>0$　でなければならず，$f>-1/2$ という条件が課せられる．

ここで，f のウェーブパケット解において $a<0$ とすると，ウェーブパケット解の係数の分母が0になる $(x,y)=(0,y_0)$, $(0,-y_0)$ の2つは特異点であり，負の無限大に発散し，その周辺では局所的に $f>-1/2$ という条件が満足できないことは注意が必要である．

$(x,y)=(0,0)$ で，$+z$ 方向を相対論的な（光速に近い）一定速度で飛行している宇宙船を考える．これに，z 軸上の遠方から $-z$ 方向に光速で進む非線形重力波と「衝突」することで，宇宙船を加速させることができる．

測地線方程式

重力波の影響を受ける質点（＝宇宙船）の運動方程式は，下記の測地線方程式と一致する：

$$\frac{d^2x^\mu}{d\tau^2}+\Gamma^\mu_{\sigma\lambda}\frac{dx^\sigma}{d\tau}\frac{dx^\lambda}{d\tau}=0 \tag{4.3.1.5}$$

与えられた計量から $\Gamma^\mu_{\sigma\lambda}$ の4x4x4=64成分を求める．非ゼロの成分は下記のようになる：

$$-\Gamma^t_{tz}=-\Gamma^t_{zt}=-\Gamma^t_{zz}=\Gamma^z_{tt}=\Gamma^z_{tz}=\Gamma^z_{zz}=\partial_{z+ct}f \tag{4.3.1.6}$$

これを使って数値的に宇宙船の軌跡を求める．非線形重力波との衝突時に宇宙船は大きく加速するが，衝突後十分に時間が経った後では，宇宙船の速度は，重力波との衝突以前の速度と同じ速度に戻る．この重力波との衝突による宇宙船の加速の効果は，宇宙船の初期速度が光速に近ければ近いほど大きく，ある一定の閾値を超えた初速では，重力波との衝突によって宇宙船の実効的な移動速度が光速を越えうる．

問題は，いかにしてこのような非線形の重力波を作り出せるのか？という問題である．特に，今回の解には2つの特異点を含んでいた．このような重力波を作り出すことはできるのだろうか？理論研究によって解明すべき謎は多く残されている．

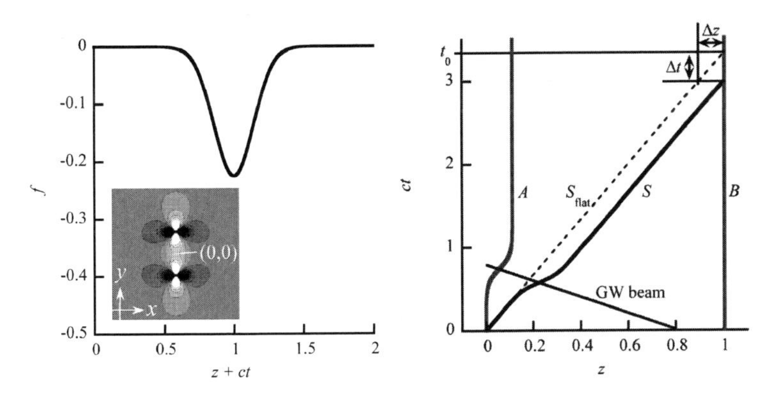

図 4.3.1.1.　重力波推進：非線形重力波の強度分布（左），重力波ビームによる世界線の変化（右）

出典：Koichi Mori, Beamed Propulsion by gravitational waves, Journal of the British Interplanetary Society, Vol.64, No.11/12, pp396-400.

著者紹介

森　浩一（もり こういち）

1999年　東京大学工学部航空宇宙工学科　卒業

2004年　東京大学大学院新領域創成科学研究科先端エネルギー工学専攻博士課程修了
博士（科学）学位論文"Energy Conversion Processes of Air-Breathing Pulse-Laser Propulsion"

2022年　大阪公立大学　教授

専門：航空宇宙推進工学・高速流体力学

大阪公立大学出版会（OMUP）とは
本出版会は、大阪の５公立大学－大阪市立大学、大阪府立大学、大阪女子大学、大阪府立看護大学、大阪府立看護大学医療技術短期大学部－の教授を中心に2001年に設立された大阪公立大学共同出版会を母体としています。2005年に大阪府立の４大学が統合されたことにより、公立大学は大阪府立大学と大阪市立大学のみになり、2022年にその両大学が統合され、大阪公立大学となりました。これを機に、本出版会は大阪公立大学出版会（Osaka Metropolitan University Press「略称：OMUP」）と名称を改め、現在に至っています。なお、本出版会は、2006年から特定非営利活動法人（NPO）として活動しています。

About Osaka Metropolitan University Press (OMUP)
Osaka Metropolitan University Press was originally named Osaka Municipal Universities Press and was founded in 2001 by professors from Osaka City University, Osaka Prefecture University, Osaka Women's University, Osaka Prefectural College of Nursing, and Osaka Prefectural Medical Technology College. Four of these universities later merged in 2005, and a further merger with Osaka City University in 2022 resulted in the newly-established Osaka Metropolitan University. On this occasion, Osaka Municipal Universities Press was renamed to Osaka Metropolitan University Press (OMUP). OMUP has been recognized as a Non-Profit Organization (NPO) since 2006.

OMUP ユニヴァテキストシリーズ ⑪

波 動 推 進

Wave Propulsion

2025年3月17日　発行

著　者　森　浩一
発行者　八木　孝司
発行所　大阪公立大学出版会（OMUP）
〒599-8531　大阪府堺市中区学園町１－１
大阪公立大学内
TEL　072(251)6533
FAX　072(254)9539
印刷所　石川特殊特急製本株式会社

ISBN 978－4－909933－89－8